LOCUS

LOCUS

LOCUS

THE
EARTH
A BIOGRAPHY OF LIFE

直立猿與牠的奇葩家人

47種影響地球生命史的關鍵生物

THE EARTH : A BIOGRAPHY OF LIFE

THE STORY OF LIFE ON OUR PLANET THROUGH
47 INCREDIBLE ORGANISMS

Elsa Panciroli

艾爾莎‧潘齊洛里——著

林潔盈——譯　　陳賜隆——審訂

目次

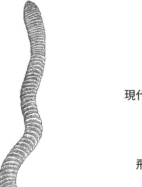

1萬1000年前
溫暖穩定的氣候

260萬年前
最早的人族
（包括智人）
冰河時期

2300萬年前
最早的馬
氣候變冷；
極地冰層形成；
海平面下降；
大陸間的陸橋；
最早的人族(包括露西)

6600萬年前
全球暖化
（古新世－
始新世極熱事件）
現代哺乳動物多樣化

1億4500萬年前
恐龍的全盛時期
最早的開花植物
白堊紀陸地革命
現代哺乳動物的起源

2億100萬年前
飛行與海洋爬蟲類
恐龍的多樣化
最早的鳥類
侏羅紀中期的多樣化

2億5200萬年前
現代兩棲動物的起源
歷史上規模最大的大滅絕事件
最早的哺乳動物；爬蟲類多樣化
現代生態系的誕生

2億9900萬年前
哺乳動物的祖先多樣化
最早的針葉林

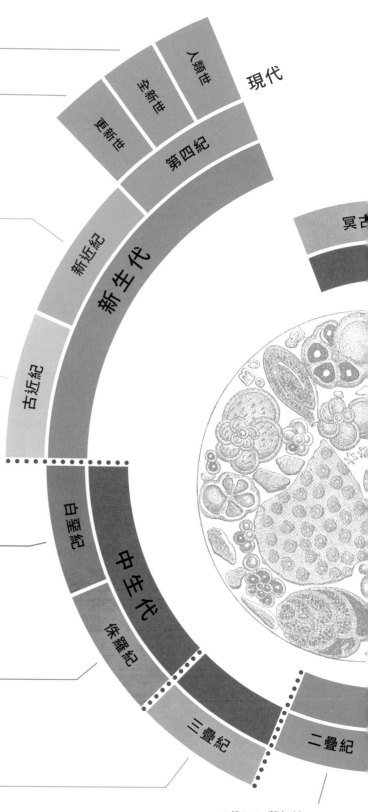

人類世

全新世

更新世

第四紀

現代

新近紀

古近紀

新生代

冥古

白堊紀

中生代

侏羅紀

三疊紀

二疊紀

地球生命大事紀

······ 大滅絕事件

46億年前
地球形成

40億年前
地殼形成；板塊構造開始；
生命從海中開始

24億年前
大氧化事件

6億3500萬年前
最早的複雜生命

5億4100萬年前
最早的脊索動物
（有脊柱的動物）
寒武紀大爆發

4億8500萬年前
動物生命的大規模多樣化
最早的有頷魚
最早的陸地植物

4億4400萬年前
最早的維管束植物
最早的陸地節肢動物

4億1900萬年前
魚類多樣化
最早的陸地脊椎動物

3億5900萬年前
樹木與種子蕨蓬勃發展
兩棲動物譜系分化
爬蟲類與哺乳類分化
石炭紀雨林崩潰事件

太古宙

前寒武紀

元古宙

埃迪卡拉紀

寒武紀

奧陶紀

古生代

志留紀

泥盆紀

石炭紀

現代

新生代
6600萬年
地質年代的1.5%

中生代
1億8600萬年
地質年代的4%

古生代
2億8900萬年
地質年代的6.3%

地質年代的相對長度

前寒武紀
40億5900萬年
地質年代的88.2%

地球形成

深 度 時 間

地球的壽命，是在一個龐大到讓人難以理解的時間尺度上衡量的。幾世紀以來對岩石與化石的研究，讓我們拼湊出幾十億年來地球歷史與發展的故事。長久以來，人類一直試圖藉由研究地理景觀的方式來瞭解這個世界，但直到近幾百年間，我們才瞭解到，地球表面曾經多次被創造與重新排列，以及這些情況如何形塑地球的生命軌跡。

地球由岩石構成，從她熔化的心臟到堅硬的表皮都是岩石。對岩石與化石的研究（地質學與古生物學），讓人類對地球的形成、發展與古老有了前所未有的瞭解。然而，儘管我們已經蒐集到一些資訊，理解地質時間（也稱為深度時間）並非易事，因為它遠遠超出人類經歷的範疇。

地質學家研究岩石的組成、年齡與分布。這些研究闡明了板塊構造、氣候變化，以及生命和演化的起源等過程。地質學原理貌似簡單，卻也複雜得令人摸不透。在深度時間之中，固體岩石可以像水一樣流動，也可以像紙張一樣弄皺。新岩石形成之際，其他岩石又被吞噬。同時，化石的分布並不均勻，這不僅體現在它們的分布範圍，也體現在它們所代表的特定時間區段上。有骨架的動物比沒骨架的動物更容易形成化石。大約在三百年前，人類開始認真地解開這些難題，但是人類試圖理解這個世界的時間其實更長，不論是將山頂上謎樣的貝殼當作古代洪水的證據，或是用神話來解釋出土於蒙古絲路沙漠的恐龍骨骼，都是人類試圖理解世界的方式。

地質年代表

地質年代表被用來標記地球四十六億年壽命中事件發生的時間。它被分成愈來愈細的時間尺度，從元或宙到代，再到紀與期。這些名稱大多由歐洲地質學家命名，根據他們在岩層中看到的明顯變化來定義，例如從石灰岩突然變成砂岩，或是出現了較古老岩層中看不到的新類型化石。隨著我們對地質過程愈來愈瞭解，這些時間區段的細節愈來愈清楚，時期也愈來愈精確。

科學家使用的現代時間尺度稱為地質年代表，它結合了多種來源的資訊，包括岩石與化石中放射性元素的年代。然而，儘管技術上已有長足的進展，地質年代表的一個關鍵原則仍然是化石生物的研究，以及這些生物在深度時間中出現、改變與消失的情形。

岩石的故事

關於岩石的最早論述紀錄來自古希臘與古羅馬時期，作者們研究了石頭、金屬與礦物，承認地球隨著時間推移而產生了很大的變化。大約在公元一千年，波斯與中國的思想家利用岩石的構成成分來推論景觀形成的方式。伊本・西納（Ibn Sina, 981-1037）是伊斯蘭世界最傑出的一位博學家，他意識到岩石形成與山谷穿鑿需要驚人的時間尺度。中國的沈括（1031-95）同樣觀察到侵蝕與沉積的過程，也認為貝類化石顯示中國內陸的部分地區一定曾經被海水淹沒。

詹姆斯・赫頓（James Hutton, 1726-97）是西方地質科學的重要人物，經常被

稱為地質學之父。關於侵蝕與沉積，他的觀察與在他之前的偉大思想家一樣，意識到現在的這些過程揭露了過去岩石形成的方式。赫頓提出關於深度時間的新觀點，並認定岩石可以被抬升、傾斜與折疊，進而形成山脈、山谷與令人費解的構造。這是現代認識地質過程的開端。

由許多層次構成

地球上有三種主要的岩石類型：火成岩、沉積岩與變質岩。火成岩來自地球表面以下，要麼在火山爆發時以熔岩的形式噴發出來，要麼在地表下由岩漿凝固而成。沉積岩聚積在地球表面，由被侵蝕的岩石與礦物、化石生物或化學沉澱物（如碳酸鹽）的碎片所組成。變質岩一開始的時候是火成岩或沉積岩，因為壓縮或加熱而改變。岩石可以在直接接觸岩漿高熱時發生質變，也可以像黏土一樣被折疊、擠壓。這往往會改變岩石的化學性質，隨著礦物重新排列而創造出新的岩理與花紋。

地質學最重要的原則，和瞭解它們的漫漫歲月有非常密切的關係。岩石層層層相疊，就像一層層的蛋糕；最古老的岩層在底部，愈往表面年紀愈輕。岩層裡的化石顯示了生物隨著時間產生的變化，而指標化石（只存在於特定時間區段的物種）可以用來確定岩石的年代。然而，在深度時間中，岩層可能因為傾斜或折疊，將較老的岩層推到較年輕岩層的上方。蘇格蘭西北海岸的莫恩逆斷層（Moine Thrust）就是個例子。地層也可能受到雨水的沖刷和冰河的侵蝕，造成岩石紀錄的缺口。火山活動像閃電一樣，將岩漿射穿現有岩層。地球表面的裂縫、斷層線與板塊運動讓岩層相互移動，形成複雜且混亂的紋理。解釋這些紋理是很有挑戰性的，而且只有在考慮到地球壽命的廣度時，才可能理解之。

躁動的板塊

大陸漂移是板塊運動機制的一部分，板塊運動是塑造地球的一個最基本過程。雖然地球表面看起來像固體外層，它實際上是由多個岩石板塊組成。地球大約有八個主要板塊與幾十個較小的板塊，由於地球熔化的核心沸騰，在板塊下方翻騰不已，讓這些板塊持續不斷地移動。這種熱能產生了對流，而對流會帶著板塊移動，在數十億年的時間裡讓它們互相磨碾，又把它們拉開。板塊會按厚度相互滑動或向上折疊擠壓、形成山脈。在板塊相遇與分離之處，火山與地震頻繁發生，例如沿著太平洋邊緣分布的環太平洋火山帶。

許多較大的板塊包含了一個古老的核心，稱為大陸核心或古陸。它們是地殼

中最古老的部分，其中一些形成於四十多億年前地球誕生後不久。藉由研究這些古陸，地質學家開始慢慢拼湊出地球形成的過程。在過去三十五億年間（特別是自複雜生命出現以來），大陸的緩慢移動在演化過程中產生非常大的作用，創造出新的棲息地，開放並閉合了海洋，改變了氣候，讓生物彼此之間隔離了數百萬年的時間。

生命的模式

演化讓我們看到地球豐富多采的歷史。人類對演化過程的認識是相對近期的事，但它已經完全改變了生物學與化石的研究。演化與物理環境之間的關聯是密切的，將生命的模式與不斷變化的地球緊密聯繫在一起。

查爾斯・達爾文（Charles Darwin, 1809-82）與阿爾弗雷德・羅素・華萊士（Alfred Russel Wallace, 1823-1913）兩人先後確立了生物演化的過程。天擇演化從根本上塑造了我們詮釋地球生命模式的方式，無論就現在或深度時間，皆是如此。演化研究結合了生物學、古生物學、地質學、生態學與數學。這是一個看似簡單的概念（特徵的遺傳，以及它們和生存的關係），卻包含了難以理解的複雜性，以至於它很容易被誤解與曲解。

隨著電腦與遺傳學的出現，我們對性狀是如何被選擇並傳給後代，比以往任何時候都瞭解得更加透徹。這種知識的基礎是對岩石與化石的研究；這些研究提供了關於時間尺度變化的資訊，而這樣的變化，即使經過好幾期的人類生命，也是無法觀察到的。我們可以從中瞭解到地球變化的面貌如何塑造她的居民。如果沒有這種對過去的洞察，我們就不可能瞭解現在世界是怎麼形成的，也無法瞭解氣候變化可能帶來什麼樣的未來。

有希望的怪物，共同的祖先

演化的基本關鍵是，地球上所有的生命都是從共同祖先演化而來。後代從它們的祖先那裡繼承了性狀，能為生存提供優勢的性狀，會在整個族群中代代相傳下去。這看起來很簡單，但是有很長一段時間，人們將選擇視為一個努力追求完美或改進的主動過程，而且這種想法至今仍然存在。演化沒有最終目標，性狀並不是由生物體主動選擇或發展的，而是每個世代的生物樂透。演化是一個沒有價值判斷的持續過程。

自卡爾・林奈（Carl Linnaeus, 1707-78）在十八世紀創建他的分類學系統以來，動物就被分成不同的群體。這樣的分類以解剖學為基礎，藉由骨骼與器官的共同特徵，將動物（包括化石）聯繫在一起。現代科學使用的是支序分類學，而不是林奈的分類法。支序分類學不對生物體進行排序，而是結合了解剖學與遺傳學，根據共同的祖先將生物分類。這些群體被稱為演化支，它們反映出對生物體之間真正關係

與演化過程的進一步理解。

在過去幾十年間，遺傳學改寫了動物之間的關係，許多原本的分類方法因此顯得過時。遺傳學還揭露了，板塊構造造成的動物分離如何導致牠們在各個大陸獨立繁衍——這通常是透過一個稱為趨同演化（convergent evolution）的過程，演化出類似的生存適應。然而，我們只能取得現存動物的基因；在詮釋深度時間生命演化的整體情況時，化石及其解剖研究仍扮演著決定性的角色。

節奏與模式

上個世紀的遺傳學知識、數學應用與電腦發展，導致了生物科學的革命，被稱作現代演化綜論（modern synthesis）。它始於二十世紀上半葉。從前，簡單的觀察（可能受到觀察者的技能或假設所影響）是理解動物之間關係與天擇的唯一方法，而這些新的方法則是定量的，可以用數學來驗證。

化石提供的關鍵數據，可以幫助我們瞭解演化速度和它所遵循的主要模式。化石證據顯示，正如達爾文的預測，演化可以緩慢且漸進地發生，但有時也可以很迅速。過去曾有演化突發事件，即動物在短時間內輻射式地演化出許多不同的新物種。演化並非線性、定向的，而是不規則、有許多分支且沒有既定的目標。運用數學，科學家可能可以將演化過程中的變化與重大事件如滅絕和氣候變化等對上。我們可以構想出一個更複雜的天擇狀況，這改變了我們看待地球生命歷史的方式。

生態系與生命

一個極其混亂的生死之網，在地球的諸多生態系之間傳遞著能量。一個生態系包括其內所有的植物與動物（以及微生物），還有它們與地質、氣候與彼此之間的親密互動。我們可以透過能量與物質的流動來理解生態系，這種流動是藉由光合作用、捕食、分解與營養物質回收的不斷循環，在生態系中以一種傳遞遊戲的方式循環。這些相互交織的能量網在生命出現之際便已經存在，隨著生物體愈來愈複雜，它／牠們的相互作用也有樣學樣。演化與生態系統的變化緊密相連。

氣候變化與自然災害，也在深度時間上形塑著生態系，拆解了居住其間的複雜生命網路。這種破壞打亂了生命的牌局，讓新的動物群體獲得選擇優勢。在地球生命史的不同時間點上，曾有生態系整個崩潰的狀況，把其中的居民一起帶入化石紀錄中。在新的能源或特定的掠食者─獵物關係的支持下，生命史上也曾有過新形態生態系的重要「誕生」。

前寒武紀

地球壽命有八八％屬於前寒武紀。從塵埃與太空岩石的凝結在四十六億年前創造出第一個地球胎兒，到四十億年後海洋中出現複雜生命體，前寒武紀不僅跨越了地球的誕生與童年，也見證了地球的成熟。

前寒武紀並非一個正式名稱，它包括了冥古宙、太古宙（始生代）與元古宙（原生代）。之所以稱為前寒武紀，是因為它位於寒武紀之前，而寒武紀一度被認為是生命的開端。我們現在知道，細胞生命很早就已經出現，也許是在地球形成後的第一個十億年內，而多細胞生命在前寒武紀結束之前，就已經在海底安家了。

儘管這些年代代表著令人痛苦的時間鴻溝，我們對前寒武紀的瞭解相對較少。這些早期形成的岩石大多被節儉地回收了，遺留下來的岩石只剩下扭曲的形體，幾乎被遺忘了。儘管如此，仍有足夠的證據顯示，我們的地球經歷了哪些基本的步驟，才成為適合現在遍布地表每個角落的複雜動物居住的地方。

前寒武紀始於冥古宙，那是一個沒有氧氣的世界，地球就像個大釜，受到太陽輻射的連番掃射與小行星的撞擊。地球與另一個原行星相撞，我們的月球則是因為它們的結合而形成。液態海洋出現又消失，直到地球灼熱的表面終於冷卻到足以留下水分。一些研究顯示，在海洋確定形成之後不久，第一個單細胞生命可能已經在海洋深處誕生。

太古宙的海洋是炙熱的，顏色就像豌豆湯一樣。大氣層已經形成，不過是綜合了許多種有毒氣體的沼氣。儘管如此，這正是單細胞生命大量繁殖的時期。不久之後，神奇的光合作用開始了；從太陽光吸收能量，並釋放出副產品——氧氣。這些仰賴陽光的單細胞生物，逐步改變大氣中的氣體比例，不知不覺中創造出一個適合複雜生命的星球。

最初幾個大陸成形於太古宙；到了元古宙，板塊構造也已經形成。在幾百萬年間，超大陸旋迴讓地殼隆起，又讓它分開，造成山脈，又將之抹殺。不斷增加的氧氣取代了原先充沛的溫室氣體，即二氧化碳，導致被稱為「雪球地球」的全球冰凍時期。這種惡劣的環境可能促成了第一批複雜生物的誕生。在前寒武紀末期，冰雪融化後不久，海底岩石中出現了一些奇異的軟體生命形式。

我們的星球終於成為複雜生物的共同家園，牠們在充滿氧氣的天空下，在欣欣向榮的海洋中繁衍生息。這個世界也就此改變。

冥古宙

46億年前至40億年前。起初，地球大部分表面是熔化的，表面溫度超過攝氏200度（華氏390度）。那段時間，經常有小行星撞擊事件。

地殼在冥古宙末期
開始形成。

太古宙

40億年前至25億年前。最早的生命可能在海底熱泉周圍形成。

最早的陸地形成——這些
陸地的遺跡至今
仍然存在。

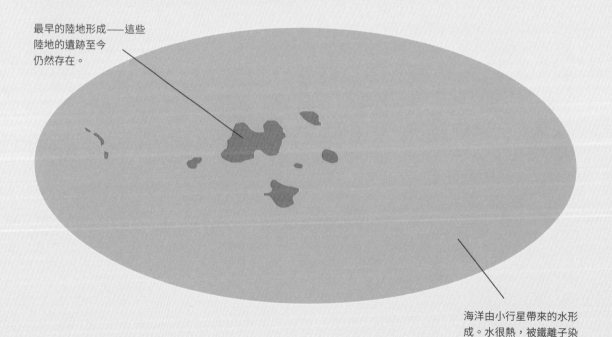

海洋由小行星帶來的水形
成。水很熱，被鐵離子染
成了綠色。

雪球地球

6億3500萬年前，在元古宙（25億年前至5億4100萬年前）。全球性的覆冰導致了「反照率效應」，反射陽光並進一步冷卻地球。

隨著地球變冷，數公里厚的
冰層逐漸形成。

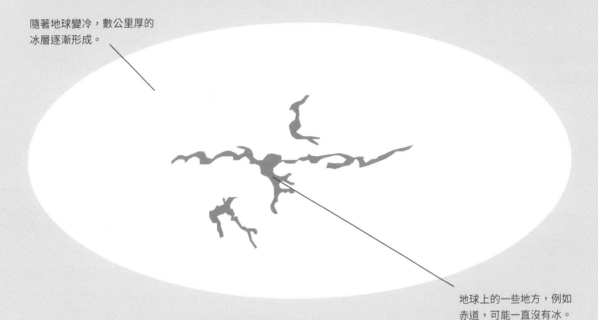

地球上的一些地方，例如
赤道，可能一直沒有冰。

埃迪卡拉紀

6億3500萬年前至5億4100萬年前。海中出現了複雜生命，其中大多為軟體生物。

月球離地球更近了，導致地球
海岸線上的潮汐更高。

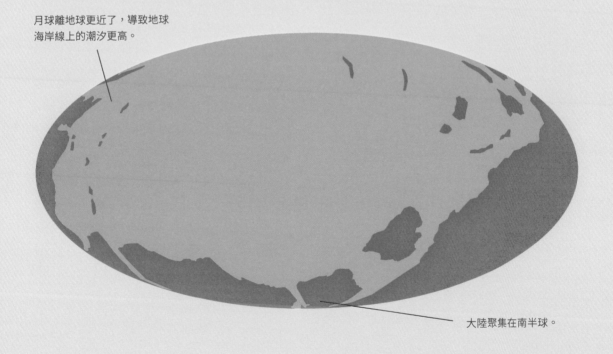

大陸聚集在南半球。

冥古宙

地球始於地獄般的冥古宙，這個時期持續了六億年。月球是在地球與另一個原行星的撞擊中形成的，這個原行星帶來的水形成了我們的大氣與海洋。儘管地球似乎不適合居住，我們最古老的共同祖先仍然在冥古宙末期出現了。生命演化的史詩篇章就此展開。

在誕生的最早期，我們的星球是無法辨認的。地球大約在四十六億年前，由圍繞新生太陽運行的塵埃顆粒所形成。這些顆粒凝結在一起並發生碰撞，形成第一批原行星，其中包括我們的地球。這個過程只花了大約兩千萬年——就地質時間來說，僅僅是一眨眼的功夫。當時的地球是一個炙熱的火團，持續被其他原行星與小行星撞擊，因此大部分地球表面一直維持在熔化狀態。這個岩漿湯裡的重金屬下沉、形成地核，從而產生地球的磁場。冥古宙（來自希臘神話的冥王哈迪斯，Hades）被選為這個時期的稱呼，是因為極端環境讓人聯想到西方古典時期的地獄概念。冥古宙大部分的時間，地球並不容許生命存在：表面溫度超過攝氏兩百度（華氏三百九十度），幾乎沒有氧氣，而缺乏臭氧層，意謂著地球被狂暴太陽發出的致命輻射給淹沒。

慢慢地，地球冷卻並形成地殼。到了冥古宙末期，這個地殼開始移動，板塊運動開始運作。一天（地球自轉一周）最初只有四小時，之後慢慢延長，到這個宙結束時，一天為十小時。當時太陽的亮度只有現在的七〇%，月球與地球的距離近得多，在天空中顯得非常巨大。到冥古宙末期，大量的小行星撞擊地球，以及我們這個年輕太陽系中的其他行星。當時的月球首當其衝，月球表面的坑坑疤疤就是這些撞擊事件的證據。在過去五十年間，科學家在澳洲、加拿大與格陵蘭都發現了冥古宙的岩石，但那個時期的大部分岩石都已藉由板塊運動回收了。

雖然最早期的化石證據要到很久之後才出現，但研究人員相信，地球上的第一個生命可能出現在冥古宙末期。科學家稱之為「LUCA」（Last Common Universal Ancestor，所有生命形式共有的始祖），地球上所有的生命都是從它演變而來。它可能始於產生簡單有機化合物的化學反應，這些化合物包括生命的建構單元。要研究生命始祖，可以利用現存生物物種的基因組，其中包括單細胞生物在內。科學家利用分子鐘分析來追溯這些模式，計算基因突變的數量，進而找出生命樹上不同分支的分裂時間。在早期地球發展出來的

無數原始細胞中，只有一個演化支系倖存下來。這個簡單的生命多元發展，改變了地球，創造出讓更複雜生物演化出現的環境條件。

月球的誕生

一般咸認，地球的月球形成於四十四億年前，是一顆名為忒伊亞（Theia）的原行星與地球相撞時形成的。地球的很大一部分熔化了，將岩石及現存的水蒸發，並在它們凝結時形成最早的大氣層，留下了二氧化碳、氫氣與水蒸氣。碰撞產生的碎片盤，繞著地球運行，最終凝聚在一起，形成了月球。它最初是熔化的，先形成了一個小鐵核，然後在短短一百年的時間內冷卻凝固。月球起源的證據，來自於月球岩石本身，它們與地球上的岩石有著相同的含氧量。

與忒伊亞的撞擊，也許是地球早期歷史中最重要的事件。撞擊可能推了地球一下，導致地軸傾斜。這個二十三度的傾角讓地球有了四季，因為高緯度地區會週期性地避開太陽。沒有月球，我們就沒有潮汐。起初，月球與地球的距離幾乎是現在的二十分之一。從那時候開始，月球就以每年約四公分的速度慢慢向太空飄移。這種情況之所以發生，是因為月球引力與地球海洋之間的相互作用，導致地球的自轉變慢，月球的運行加速，進而往外拋。隨著月球的離開，地球的白天將會慢慢變長，大約每四十五億年會延長十九個小時。

海洋行星與生命

海洋是生物生命的搖籃，但海洋並不總是存在的。目前尚不清楚第一批水是從何而來，因為地球形成時的溫度太高，水根本無法存在。水可能是因為和富含水的小行星及原行星撞擊，才來到我們這個新形成的行星，這自然也包括形成月球的撞擊事件。

儘管地球的熔化表面溫度很高，強大的大氣壓力阻止了早期海洋的蒸發。然而，由於地球的質量較小，水更容易流失到太空中，也就是說，分子可以逃脫地球的引力。在最初的幾億年間，海洋在形成之後幾乎或完全消失的情形，可能發生了不只一次。在最初的十億年裡，地球至少損失了相當於一個海洋的水。

到了四十四億年前，地球已經冷卻到足以形成更持久的海洋與降雨。我們的海洋現在覆蓋了七一％的地表，而且水甚至與地殼、地函與地核中的礦物質結合在一起，隨著大陸板塊相互滑動而被帶往地心。據估計，地球內部儲存的水量可能是地表水量的三倍之多。

太古宙

太古宙的地球是個海洋異世界。海水比洗澡水還熱，而且染了一抹綠色。大氣層瀰漫著氣味濃烈的有毒氣體，表面溫度灼熱。微生物蓬勃發展，釋放出第一批氧氣，但距離複雜生物的出現，還有數十億年的時間。

十五億年來，地球一直是不適合生命存在的惡劣環境。距今四十億至二十五億年前的太古宙岩層依然存在，但往往嚴重變質；它們就像毛巾一樣，在漫長歲月中被反覆加熱、折疊。最早的大陸在太古宙形成，它們的碎片至今仍留存下來。板塊運動已經啟動，但大陸本身是完全不同的。由於熱能從地核升起，火山噴發更甚於今日，這些噴發活動產生了島弧，島弧漂流到一起，就形成最早的大片陸地。

太古宙的原大陸被炙熱的萊姆綠色海洋包圍。水中含有大量鐵離子，因而呈現出異樣的色彩。起初，海洋幾乎覆蓋了整個地球，海水溫度高達攝氏八十五度（華氏一百八十五度）。在接下來的二十億年間，它慢慢冷卻。空氣溫度比之前冥古宙來得低，但大氣層對大多數生命而言依然是有毒的，充滿了甲烷、氨氣與二氧化碳。這些氣體造成一種溫室效應，烘烤著地球。一天只有十二小時，太陽仍然只有現在七五％的亮度。然而，這個與微生物合作無間的奇怪星球，卻是生命的搖籃。到了太古宙末期，氧氣已經開始飄散，滲透到大氣層中，這是後來地球歷史上大氧化事件的前兆。

我們所不熟知的生命

大多數早期微生物化石都是在溫暖淺水環境的岩石之中發現的，但是在最不可能的地方，也有其他生命的證據。年齡超過三十七億年的古老岩石中的管狀結構，可能是海底熱泉噴發口周圍微生物的遺跡。這些熱泉噴發口至今自然存在，位置往往靠近板塊邊緣或地殼的熱點。海水從火山加熱的岩石中噴湧而出，形成塔狀結構。海底沒有陽光，但溶解在水中的化學物質維持著一個小卻複雜的食物鏈，由微生物、蛤蜊、蝦與管蠕蟲構成。這被稱為化學營養階，英文「chemotrophy」來自希臘文，有「化學供給營養」的意思。

光合作用開始

最早的光合作用生物在太古宙演化出現。這些是簡單的原核生物：像細菌與古細菌之類的細胞生物，細胞內沒有封閉

的細胞核。真核細胞演化出現的時間則更晚，結構更複雜，細胞核周圍有一層膜包圍。所有複雜動物都是真核生物，植物、真菌與原生生物也是真核生物。

最早的原核生物可能以溶解的化學物質為食，但後來有些原核生物開始利用太陽光，為新陳代謝過程提供燃料，產生氧氣作為廢物排出。一般認為，層疊石（見下文）中的藍綠菌，在向大氣中輸送這種賦予生命的氣體方面扮演著主要的角色。將近十億年後，大氣中的氧氣含量才上升到足以推動複雜動物演化的程度。

一層層薄薄的生命

層疊石是地球上最古老的生命形式。它們看起來像是沒有生命的岩石，但表面充滿了數以百萬計能夠行光合作用的藍綠菌，都以太陽的能量作為燃料。層疊石會形成柱子、小丘或圓錐體，寬度可超過一公尺（三英尺），但是只有表面含有生物活體。這些形狀來自沉積物在表面的堆積，由藍綠菌分泌的黏液結合在一起。這些物質會硬化成碳酸鈣，並形成像洋蔥一樣的層狀構造。這些層狀結構出現在曾為寬闊淺海的岩石紀錄中，代表地球上最古老的一些生命化石證據。

有些層疊石的結構可以藉由非生物過程產生，例如透過海水中的碳酸鹽沉澱。化石紀錄中的生物與非生物層疊石並不容易區分，但部分化石層疊石的結構過於複雜，不可能在沒有活體生物的幫助下形成。層疊石在太古宙與元古宙很常見，但是隨著更多複雜生物的演化，層疊石群落成了這些生物的食物，數量也因而減少。演變至今，層疊石已經非常罕見，主要存在於鹽度極高（超鹽度）的環境中，例如澳洲的鯊魚灣，這樣的環境保護它／牠們不受動物的啃食。

元古宙

元古宙是地球地質年代中最長的時代，持續了二十億年之久。這個時期發生了許多事件，從改變演化進程的氧氣注入，到幾乎讓所有生物消失的全球冰河期。有性生殖首次出現，而到這個時代結束時，第一批多細胞生命已經出現在海床上：奇異而美麗的動物世界開始了。

元古宙占了地球壽命四〇％以上的時間，它始於二十五億年前的太古宙末期，在五億四千一百萬年前結束。在這段期間，地球逐漸轉變成一個我們如今認識的世界。一天的長度達二十三小時，大氣與海洋累積愈來愈多的氧氣。地球的大部分仍然被水所覆蓋：泛大洋與泛非洋。地球的地殼構造運動非常活躍，隨著山脈被推向天空以及火山爆發，乾燥的土地從深處升起。大約四三％的大陸地殼形成於元古宙，這個地殼愈來愈穩定，更能承受深度時間的破壞性過程。新生成的大陸幾乎仍為一片荒瘠，只有細菌與後來的真菌在地表形成群落。

大氧化事件

儘管地球的氧合始於太古宙，早在元古宙之初，大氣中的氧氣含量就曾突然上升。這被稱為「大氧化事件」，咸認是新型藍綠菌所引起的，它們釋放的氧氣是光合作用的副產品。剛開始的時候，這些氧氣與鐵產生反應，形成鐵鏽顆粒沉入海底，但是經過五千萬年左右，鐵含量已經低到足以讓氧氣大量上升進入大氣，而不是被海洋吞噬。

氧氣對於複雜生命的出現，有著必不可少的重要性。如果沒有充足的氧氣為細胞內的化學反應提供燃料，多細胞生物就不可能演化。氧氣具有高反應性，很容易形成新的化合物，進而創造出充滿營養的生態系統。氮在一個稱作固氮作用的過程中，被轉化成氨等化合物，讓它可用於基本的生物運作過程。

大氣層劇烈變化也有其黑暗面：氧氣含量增加，是以溫室氣體的排放為代價的。與我們當前的氣候變化危機不同的是，元古宙由於缺乏二氧化碳與甲烷，全球氣溫驟降，進而導致各地冰河期的降臨。

雪球地球

六億三千萬年前，地球被冰層包裹了起來。這種情況發生了不只一次，雖然

看來違反直覺，但冰河期可能幫助啟動了地球上複雜生命的崛起。岩石紀錄中關於雪球地球階段的證據，來自冰川沉積物與「掉落石」，這些石塊被冰川從古大陸表面刮下，帶到海洋中，沉入海底。這些證據，幾乎在地球上所有地區的岩石中都能找到，包括當時的熱帶地區。

造成雪球地球的原因可能有很多，比如大氣中溫室氣體被氧氣取代、地球軌道與太陽能量輸出的變化、火山爆發等。羅迪尼亞超大陸（supercontinent of Rodinia）的位置與破裂可能改變了海洋化學，造成覆冰變厚。不斷增長的冰川產生所謂的反照率作用，亦即具有反射性的白色表面將太陽輻射送回太空，使地球進一步冷卻。全球氣溫驟降，比現代的南極還低。在寒冷的冰層下，生命仍然堅持著。

數百萬年來，火山爆發與微生物呼吸作用，釋放出足夠的二氧化碳與甲烷，使得溫度上升，讓海洋好幾大片區域的冰層融化。一層厚達兩公里（一英里）的海洋泥漿形成了。未被覆蓋的深色水域反轉了反照率作用，吸收了太陽的熱能，到後來，地球再次無冰。生物必須堅韌地承受這些劇烈的溫度波動——適應這些雲霄飛車式的變化，甚至可能推進了它／牠們的複雜性。地表解凍之後，生命殖民世界的場景於焉展開。

真核生物 — 複雜生命之始

真核細胞是地球上所有複雜多細胞生命的基礎。它們是在二十七億年前由兩個獨立細胞的結合而形成。真核生物發明了有性生殖,隨之產生了天擇過程的主要機制。

真核生物(*eukaryote*)有一個被膜包覆的細胞核。它們內部也含有細胞器,也就是細胞內執行特殊功能的部分,就如人體器官的微小版本。這些細胞器包括粒線體與葉綠體。今日在地球上,包括人類在內的所有複雜生命都是由真核細胞構成的。真核細胞是地球上每一個生物的構成單元,蘊含著演化的藍圖。

第一個明確的真核生物化石是在元古宙地層中發現的。在大約十億年的時間裡,它們是地球生命的次要組成分子,之後才爆發出一系列複雜的生命形式。我們很難得知這些生物是如何演化的,但最有可能的解釋是,兩個獨立、較簡單的細胞形成了一種互利的關係(稱為共生),最後其中一個細胞被納入另一個細胞之中,成為它的一部分。這可能是我們細胞中粒線體的起源。

成為地衣

最早的真核生物包括藻類與真菌,它們的化石可以在十億年左右的岩層中發現,但起源可能更早。可能是藻類或真菌化石的更古老結構已經被辨識出來,而出土於二十七億年岩層中的古老油脂,或許是由生活在太古宙的簡單真核生物所形成。真菌與藻類一起形成被稱為地衣的共生生物,現在仍然很常見。在地衣裡,藻類或藍綠菌生活在真菌絲中,藉由光合作用為宿主提供營養,換取庇護與水分。最古老的地衣化石來自蘇格蘭的萊尼埃燧石層(Rhynie Chert),距今約四億一千萬年。

另一種最早的真核生物是籠脊球(*Caveasphaera*),一個來自中國、具有六億九百萬年歷史的化石。它的直徑不到半毫米,看起來像是一顆小小的乒乓球,可能是一個多細胞生物的胚胎,也可能屬於埃迪卡拉生物群(Ediacaran Biota)中新興動物的前身。

渦鞭藻,生活在海洋與淡水中的單細胞真核生物。

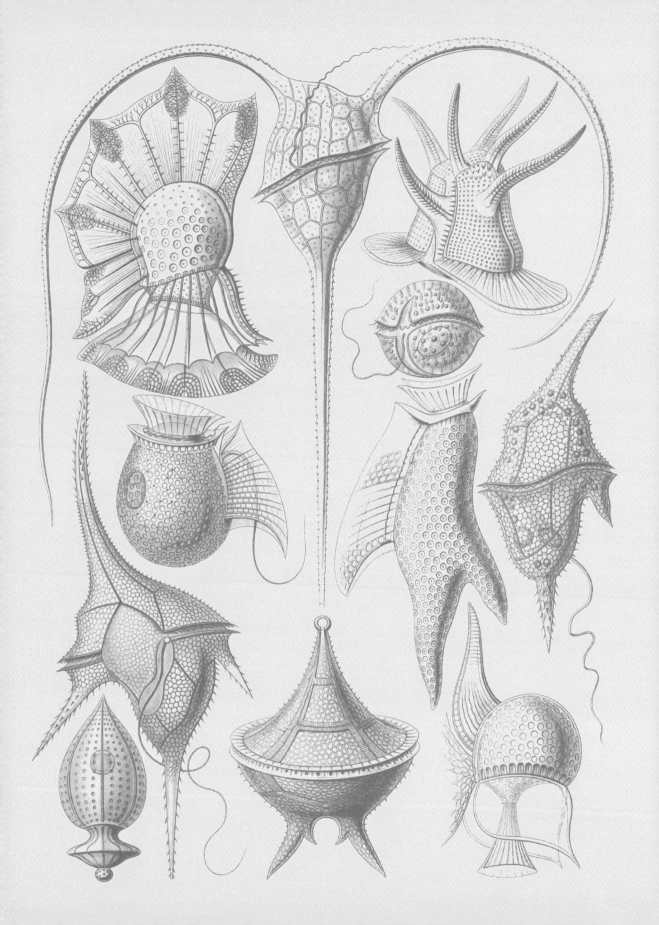

性的重要性

　　性有其優勢。它讓基因得以重組，產生隨機的突變，就像天擇中的樂透彩券。這讓具備有性生殖能力的生物更能適應環境的改變、捕食壓力、疾病與寄生蟲。

　　真核生物可以進行有性生殖，兩個細胞各為其「後代」貢獻一半的遺傳物質。有性生殖被認為是一種非常古老的真核生物伎倆。最早的有性生殖證據來自一種名為「*Bangiomorpha*」的擬紅毛苔，它大約出現在十億年前。性是演化過程的基礎。簡單來說，沒有性，今日的地球生命不會這麼複雜，也不會那麼有趣。

矽藻，存在於海水、淡水
與土壤中的藻類。

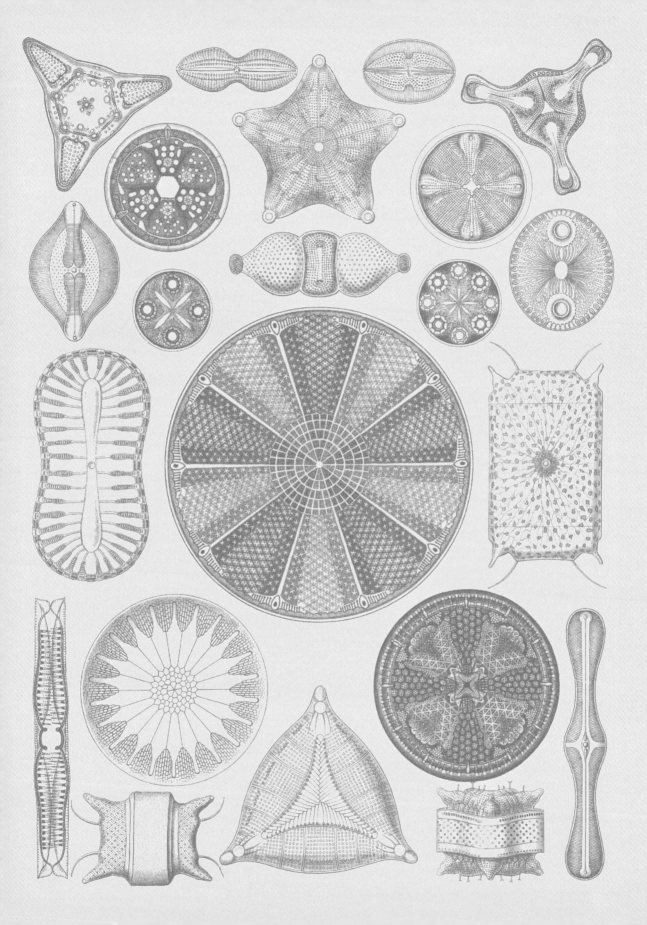

埃迪卡拉紀

神祕的埃迪卡拉紀是元古宙的最後一個時期，最早的多細胞動物在此時期出現。這個時期不但有獨特的生命形式遍布海底，這些生物後來也在演化史上最早的大滅絕事件中死亡。多虧最新的化石發現，人們現在才開始認識這個時期的生命。

難以捉摸的埃迪卡拉紀，是距今六億三千五百萬至五億四千一百萬年前的時期，其名稱來自澳洲的埃迪卡拉山，這是地質學家首次發現該時期化石的地點；這些化石改變了我們對地球上多細胞生物出現的看法。儘管埃迪卡拉紀的地球與今天相似，不過當時的陸塊都集中在南半球，北半球則是一個完整的海洋。月球離地球更近，帶動了更強的潮汐，沖刷著貧瘠的海岸線。在埃迪卡拉紀末期，岡瓦納大陸已經形成，這個陸塊包括今日南方大陸的核心。岡瓦納大陸在接下來的三億五千萬年會繼續存在，慢慢被併入盤古大陸，最後在侏羅紀分裂。

第一批複雜的多細胞生物被稱為埃迪卡拉生物群。這些化石既罕見也不容易研究，因為它們原先大多為軟體生物，缺乏堅硬的礦物骨架。牠們幽靈般的輪廓與錯綜複雜的印痕，包括長得像蕨類葉子與果凍狀的生物，長度介於一公分到兩公尺（〇‧四到六‧五英尺）。這些生物的外型奇特又難以解釋，其中有一些可能代表了存活至今的演化支系的祖先。

阿瓦隆大爆發

從前，人們認為複雜動物生命始於埃迪卡拉紀之後的寒武紀，不過我們現在已經確認，早在埃迪卡拉紀就曾經有輻射式演化發生。這些生物出現在全球冰河期（雪球地球）的最後階段之後不久。此時期的化石紀錄突然暴增，被稱為「阿瓦隆大爆發」，名稱來自加拿大紐芬蘭省的阿瓦隆半島，因為在那裡發現了保存異常完好的埃迪卡拉紀化石。時至今日，澳洲、納米比亞、俄羅斯與中國都有著名的埃迪卡拉紀化石遺址。

阿瓦隆大爆發後，這些先驅生物的多樣性增加了。目前被描述的埃迪卡拉動物有超過一百個不同的類型，大多為軟體生物，儘管有些如克勞德管蟲（*Cloudina*）確實有堅硬的骨骼外殼。許多埃迪卡拉生物有著奇異的身體，與後來的動物非常不同，這教人難以釐清牠們的演化關係。

第一次大滅絕事件？

　　埃迪卡拉紀結束於五億四千一百萬年前，這些獨特的早期動物大多消失了。這可能是世界上第一次的大滅絕事件，也許是因為羅迪尼亞大陸解體，造成海洋環流突然改變，使海洋中氧氣含量降低而導致的結果。這被稱為缺氧事件，在缺氧環境中形成的黑頁岩沉積就記錄了這個情形。如果是真的，這會是複雜生命歷史上最嚴重的缺氧事件之一。

　　埃迪卡拉生物群消失的另一個可能原因是，新形態的生物演化出現，以固定住海床表面的微生物蓆為食。這些微生物蓆是埃迪卡拉生態系的重要組成，提供穩定的棲息地與錨地，但也阻止了營養物質與氧氣在水和海底沉積物之間的循環，讓這些地方維持一片貧瘠。在寒武紀之初，穴棲動物的數量突然增加，這可能破壞了微生物蓆，最終以繁盛的新寒武紀生態系統取而代之。

查恩蟲 — 最早的動物

查恩蟲是生活在五億五千萬年前的奇特動物。牠是最早演化出來的複雜生物，屬於一個科學家仍在努力瞭解的生態系。查恩蟲的身體與今天的任何生物都不一樣，是埃迪卡拉紀許多奇異生命形式的一種。牠和最早有礦化骨骼的動物一起生活：這些動物有裝甲般的殼體作為保護，抵禦日益險惡的世界。

查恩蟲（Charnia）是生活在埃迪卡拉紀的葉狀生物。牠曾出土於不列顛群島、澳洲、俄羅斯與加拿大的化石遺址。查恩蟲的長度超過半公尺（二十英寸），狀似植物，但其解剖構造特徵告訴我們，牠並不是植物。牠最初被鑑定為一種藻類，後來又被歸為海筆（一種與水母相近的海洋動物）。雖然牠們看起來很類似，進一步研究顯示，查恩蟲的生長方式不同，是從葉子頂端而非底部增加新的芽。牠生活在相對較深的海床上，以一個圓形的固定器牢牢固定。由於缺乏陽光，牠不可能進行光合作用，但也沒有嘴或腸道。葉狀體可能是用來過濾食物，或是從周圍的水中吸收營養。牠的體型呈現交替的分支，沒有大多數現存生物身上所見的兩側對稱（從中線）或輻射對稱（圓形）。一些研究人員認為牠是一種完全獨特的生物，可能和任何現存動物群體都沒有密切的親緣關係。

查恩蟲化石已經成為埃迪卡拉生物群的標誌。它是第一個鑑定為早於寒武紀的化石——寒武紀曾被認為是最早出現複雜動物的時期。查恩蟲於一九五六年出土在英格蘭萊斯特附近的查恩伍德（Charnwood）森林，最初是蒂娜・內古斯（Tina Negus）這個少女發現的。當時她把這個標本的事告訴地質學老師，但它存在的岩層被認為太過古老，不可能有化石，所以大家對她的發現不以為意。隔年，一名叫羅傑・梅森（Roger Mason）的男學生發現同樣的化石，而他的發現被認真對待。後來，這個化石種類根據男學生的描述命名為「Charnia masoni」。再後來，內古斯的發現受到認可，兩人都因為發現查恩蟲而受到表彰，其中內古斯被視為真正的第一發現者。就像許多埃迪卡拉生物，關於查恩蟲，有很多地方仍是個謎。

查恩蟲是已知最古老的複雜生物之一。

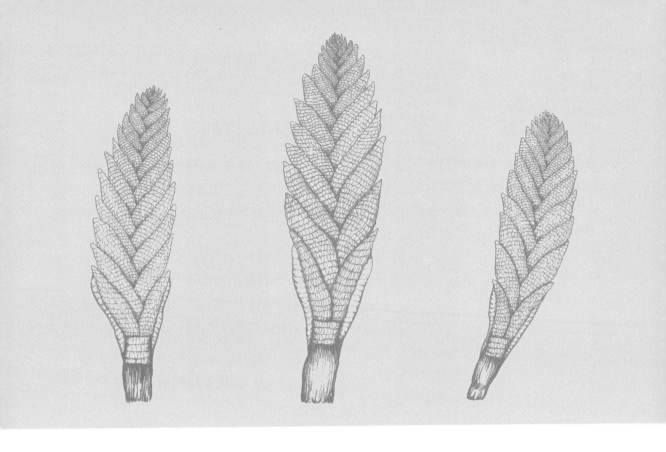

動物、植物、礦物

在埃迪卡拉紀，許多奇形怪狀且濕軟黏糊的動物生活在地球上，其中有一些已經率先發展出堅硬的礦化骨骼。克勞德管蟲就是其中之一：由精靈般大小的小杯子層疊起來的奇特生物，通常會好幾個一起構成「礁石」。牠們的大小各異，從一個手指的寬度到比人的手掌還長都有。牠們生活的樣貌仍然未知，這些杯子的裡面或周圍可能有柔軟的身體部分。雖然克勞德管蟲在部分岩層中非常豐富，卻從未與同類的軟體動物一起出土，這顯示牠們生活在截然不同的環境中。

克勞德管蟲的堅硬骨架，暗示著一場新的競賽已經開始：捕食者與獵物之間的生死搏鬥。在特定地點出土的克勞德管蟲，有多達四分之一的化石骨架上有洞，這可能是受到其他生物攻擊或鑽進牠們體內所致。無論攻擊者是什麼，牠都是一個有選擇的獵手。與克勞德管蟲一起生活的類似有殼生物，並沒有受到同樣的損害。這是化石紀錄中「特化捕食」的一些最早的證據，這種力量從那時起就在塑造動物的演化。

金伯拉蟲 — 最早的兩側對稱生物

毫不誇張地說，金伯拉蟲是一種可以一分為二的動物，牠反映出動物生命最重要的主要分支。這種蛞蝓狀的生物在埃迪卡拉紀豐富的微生物蓆海床上爬行。儘管牠的家族關係仍不清楚，成千上萬份保存狀況絕佳的化石標本，提供了牠在生命初期從誕生、成長到死亡的細節。

金伯拉蟲（*Kimberella*）橢圓形的身體可以長到十五公分（六英寸）長，看起來像是湯匙的凹槽，湯匙邊緣有著裝飾般的皺褶，上層表面有斑點。大約在五億五千五百萬年前，金伯拉蟲生活在現今澳洲與俄羅斯的淺海海底。在這個平靜且貧乏的環境中，金伯拉蟲以厚厚的微生物蓆為食，與其他神祕的埃迪卡拉生物一起，在地球日益肥沃的水域中茁壯成長。

在這個時期以海底為家的奇特生物中，金伯拉蟲很重要，因為牠能顯示動物界中最基本的畫分。埃迪卡拉生物是最早實驗各種體型呈現（body plan）的生物，有些發展出的演化分支，在寒武紀與之後的時期蓬勃發展並多樣化，有些則再也沒有出現。由於不同生命階段的金伯拉蟲化石有一千多件，這種生物比同時期的其他許多生物都更廣為人知。牠掌握著追溯這些群體的關鍵，揭露生命演化故事中改變生命時刻的時間點。

鏡子，鏡子

金伯拉蟲最初被認為是一種水母，但現在咸認牠是軟體動物的古老親戚。這個說法的證據來自遺留在金伯拉蟲化石附近的奇怪抓痕，這可能是牠們的口器（稱為齒舌）留下的細小刮痕。軟體動物如蝸牛會用齒舌來搬動並切割食物，像是從岩石表面刮下海藻。雖然保存下來的金伯拉蟲化石身上並沒有齒舌，但這些刮痕暗示這種古老的軟體動物在生前可能擁有過齒舌。金伯拉蟲身體的主要部分被認為具有一個未礦化的單一「殼」，邊緣的圖案可能是單一肉足上的肌肉附著點的遺跡。綜上所述，這種身體結構的確支持這樣的觀點，亦即金伯拉蟲是軟體動物一個失散已久的表親。

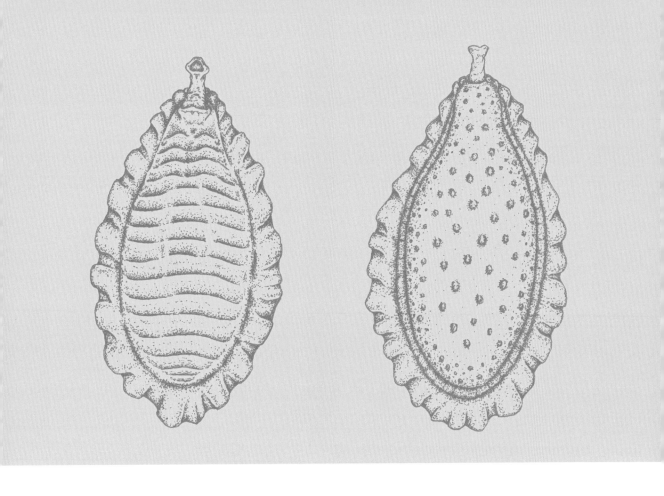

金伯拉蟲是最早的兩側對
稱動物,牠可能與軟體動
物有關。

　　金伯拉蟲是否與軟體動物有親緣關係尚有爭議,但大多數研究
人員都同意,牠是已知最古老的兩側對稱動物。所謂的兩側對稱,
指的是身體的左右兩半是彼此的鏡像。兩側對稱動物有消化道,具
有獨立的口與肛門。地球上大多數的複雜生物都是兩側對稱,儘管
有些在成年後會失去這種對稱性,例如海星與海膽等棘皮動物在胚
胎時期呈兩側對稱,成體卻變成輻射對稱。金伯拉蟲標示著演化的
一個轉折點,為地球上的大多數動物勾勒出藍圖。

古生代

古生代包括六個時期，生命在這段期間經歷了一段無與倫比的旅程。從海床上第一批多細胞生物開始，逐漸演化出在陸地上定居的動物。植物、無脊椎動物與後來的脊椎動物一波波冒險登陸，創造出新的食物網，建造出全新的棲息地。氣候與陸塊布局的大規模變化，不僅塑造了地理景觀，也推動了演化。山脈與海洋分隔了生物群體；被陸地包圍的內陸缺水，赤道海岸線則受到熱帶降雨的猛烈沖刷。隨著世界在動盪與蕭條之間轉變，生物要不是適應，就是消亡。這段旅程始於五億四千一百萬年前，緊接著埃迪卡拉紀，一直到兩億八千九百萬年前因為大規模破壞而告終，破壞規模之大，幾乎使生命完全滅絕。

地球生命在古生代的演化變化無疑是有史以來最徹底的。所有的動物群體與生活方式，都在演化史上首度出現。節肢動物（具有外骨骼、體節與分節的附肢）在牠們的海洋王國中發展壯大。汽艇般大小的板足鱟（海蠍子）在充滿浮游生物的海洋中捕食與食腐。脊椎動物出現，占領了海洋。在陸地上，最早的森林覆蓋了大地，最初主要是石松的巨大近親，後來是裸子植物——針葉樹與蘇鐵等。隨著時間推移，景觀從冰河時期轉變到潮濕的沼澤森林，再到乾燥的沙漠。到了石炭紀，節肢動物已經脫離水的束縛，演化成像海鷗一樣大的巨型昆蟲，牠們的身體因為地球歷史上最高大氣含氧量的刺激，發展得非常巨大。在泥盆紀，肉鰭魚隨著節肢動物的腳步，從岸邊邁出牠們的第一步。牠們很快就分成三個演化分支：兩棲類、爬蟲類與哺乳動物。最早的羊膜卵讓牠們離開水邊，到了二疊紀，牠們的數量、體型與生活方式都出現了爆炸式的增長。

古生代的地球，居住著我們今天所知所有主要動物群體的祖先。到古生代末期，海洋與陸地生態系統已經變複雜了，充滿了我們可能認識的生物，以及更像是科幻小說而非現實的奇異表親。古生代以一場規模空前絕後的大滅絕告終。複雜生命花了很長時間，才出現在我們這個躁動不安的海洋，但隨著埃迪卡拉紀的驗收測試完成，大自然在古生代仍然持續創新，讓地球充滿了奇妙的野獸。

寒武紀

5億4100萬年前至4億8500萬年前。廣大的淺海為複雜生命提供了完美的棲息地。

北半球以泛大洋為主。

大陸表面有簡單的微生物、真菌與地衣。

志留紀

4億4400萬年前至4億1900萬年前。最早土壤的形成，讓植物與隨後的節肢動物得以在陸地上定居。

北方大陸互相碰撞形成了歐美大陸。

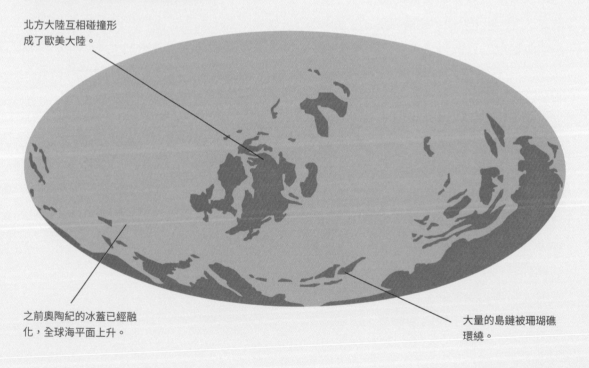

之前奧陶紀的冰蓋已經融化，全球海平面上升。

大量的島鏈被珊瑚礁環繞。

石炭紀

3億5900萬年前至2億9900萬年前。此時期的大氣氧含量
高達35%，是生命史上大氣氧含量最高的時期。

大部分大陸都覆蓋著炎
熱的沼澤森林，煤層就
是這些森林形成的。

在這個時期的大部分時間
裡，兩極有冰川形成。

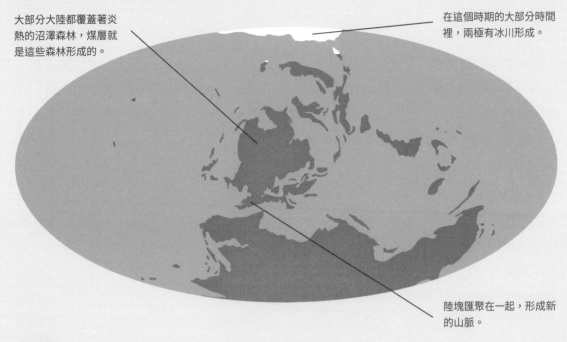

陸塊匯聚在一起，形成新
的山脈。

二疊紀

2億9900萬年前至2億5200萬年前。在二疊紀末期，西伯
利亞的火山爆發，造成有史以來規模最大的大滅絕。

超大陸的中心是乾旱的，海
岸線有季風。

盤古大陸這個超大陸形
成了。

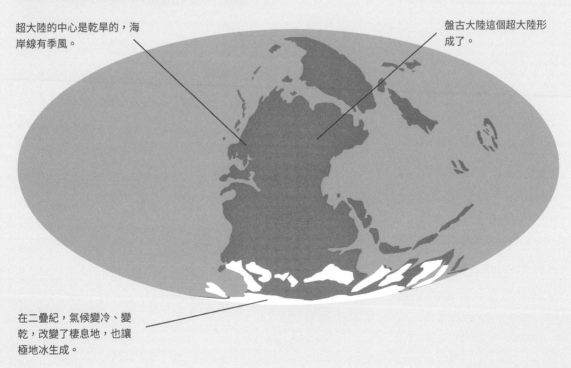

在二疊紀，氣候變冷、變
乾，改變了棲息地，也讓
極地冰生成。

寒 武 紀

五億四千一百萬年前，寒武紀海底的一場革命攪動了這個世界，拉開了古生代的序幕。這預示了主要動物群體的起源，包括第一批具有明確特徵的無脊椎動物與脊椎動物。在地球形成之初混跡了許久的生命，突然變成無數的形式，有些甚至邁出多腳的第一步，走上陸地的潮汐邊緣。

寒武紀是古生代的第一個時期，它始於五億四千一百萬年前，持續了五千六百萬年。地球看起來依然跟之前差不多，但是隨著羅迪尼亞超大陸解體，許多新的淺海形成，生命也在其中蓬勃發展。後來的北方大陸與其他大陸分離，漂過廣大的泛大洋。岡瓦納大陸（包括現在的非洲、南極洲、澳洲與南美洲）在南方匯集。這個巨大的陸塊切斷了海洋循環，阻止了溫暖的表層洋流抵達南極，造成全球氣候變冷。當時的溫度仍比現今的地球溫度高約攝氏七度（華氏十二・六度），兩極幾乎沒有冰。

在寒武紀初期，海底發生一個改變世界的事件。早期埃迪卡拉生態系下像是一張密實地毯的微生物蓆，被第一批穴棲動物撕碎了。這激起海洋生態系的革命，攪動了營養物質，也創造出新的生態區位，可供探索。生命爆發出新的多樣性，由於世界各地都出現保存狀況絕佳的化石，科學家對這些早期動物能有相當程度的瞭解。然而，那是在早期：沒有多少動物生活在水層中，大多數動物仍然潛伏在海底。三葉蟲等節肢動物是寒武紀最常見的化石，也是生態系的一個主要組成分子。有些保存著軟組織與堅硬外殼，有些則被確認為昆蟲與甲殼類的祖先。脊椎動物的祖先開始了牠們的演化旅程，長出脊髓與頭骨的雛形，是為脊椎動物的基礎。

當時植物還沒有登上陸地，地球的大陸上仍然覆蓋著微生物、真菌與地衣。然而，多虧一些寒武紀動物遺留下的腳印，我們得知牠們從深處開始最早的冒險。像是節肢動物生痕化石（*Protoichnites*）與柵形跡（*Climactichnites*，也是生痕化石）等告訴我們，至少有一些海洋生物是能夠穿過潮汐地帶的。一排排橫跨地表的小點可能是節肢動物的腳印，蛞蝓般的軟體動物則在沙地上畫出了線條。

寒武紀大爆發

人們曾經以為，所有多細胞動物都起源於寒武紀。十九世紀的歐洲科學家注

意到，牠們突然以化石的形式出現在這個時期的岩層中，於是急切地宣布這些就是生命起源的證據，將之稱為「寒武紀大爆發」。我們現在知道，在寒武紀之前的時期就已經有複雜動物出現，但牠們最終是在寒武紀的岩層中被辨識出來。

這麼多新動物突然出現，可能有幾個原因。漂浮在一切之上的臭氧層，在寒武紀首次出現。這為大氣中的氧氣提供了一個保護罩，過濾掉來自太陽的有害輻射，保護生物免受致命的傷害。地球本身的運動發揮了作用：隨著大陸漂移，火山活動與新山脈的風化可能影響到海洋化學，增加鈣與磷的可用量，讓動物建立起礦化的骨架。中樞神經系統、身體肌系與眼睛等感覺系統的演化，可能推動了物種的多樣化發展。始於埃迪卡拉紀的演化軍備競賽，在寒武紀爆發。捕食者磨練牠們的狩獵技巧，獵物則加厚了外殼，找到避免成為午餐的新方法。

三葉蟲 ─ 古生代的象徵

三葉蟲是世界上最知名的一類化石。這些海洋無脊椎動物在整個古生代都生活在地球的海洋中。由於三葉蟲的多量與多樣，牠們的化石在幾個世紀以來一直被用來瞭解地質年代與繪製演化過程。

雖然現在已經滅絕，三葉蟲（trilobite）在地球上存在了將近三億年，讓牠們成為史上最成功的一類動物。它們是世界上最常見也最容易識別的化石，北美與澳洲原住民將之視為護身符配戴，也是最早被歐洲科學家注意到的化石。三葉蟲是生活在海裡的海洋生物。牠們的堅硬外骨骼由三個部分組成（因此得名），正是這部分留存在化石紀錄中。三葉蟲有著令人難以置信的多樣性，包括濾食性動物、掠食動物、在海床上生活，以及可以在水層中游泳。牠們生活在世界各地的淺水區與深水區，體型變化也很大：最小的長度只有幾公釐，最大的長度超過半公尺（十七英寸），重量相當於一隻營養很好的貓。

三葉蟲出現在寒武紀早期，是地球上最早演化出現的節肢動物（具有分節外骨骼與分節附肢的無脊椎動物）。牠們的外骨骼會隨著動物成長而定期蛻變。有時，岩石紀錄中只出現這些被蛻下來的部分，像髒衣服一樣被遺棄在蛻皮處。三葉蟲的外型變化也很大，有些具有用於防禦或戰鬥的尖刺與角。牠們的眼睛通常是複眼，有堅硬的水晶體，但這些動物也有較軟的身體部分，如鰓與觸角，只是這些部分很少被保存下來，牠們的內部器官幾乎不為人知。三葉蟲化石在整個古生代的岩層中數量都很豐富，牠們甚至揭露了地質學的機制，例如大陸漂移，以及演化的深度時間過程。

三葉蟲在寒武紀化石紀錄中出現得很突然，有如從天而降。這一點顯示，牠們最初的演化發生得很快。牠們的祖先可能在埃迪卡拉紀就出現了，但這一點目前尚且無法確定。牠們堅硬的外骨骼保存得很好，這是牠們常見於古生代岩層的原因。在世界各地發現的三葉蟲超過兩萬種，其數量與多樣性意謂著牠們可以用來定義不同

三葉蟲中的平背蟲（*Homalonotus armatus*）是一種已經滅絕的節肢動物。

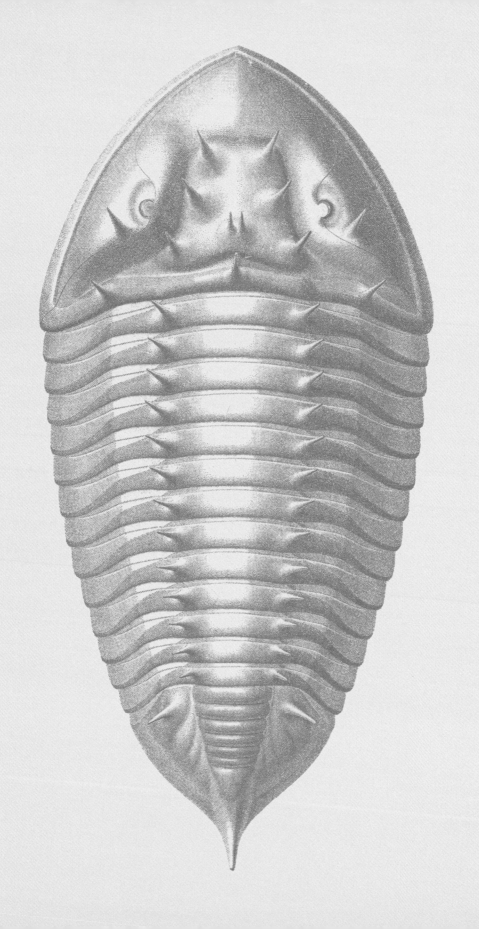

的時期,以不同物種的存在或缺乏來標示。這種可用來鑑定地質時期的化石被稱為指標化石。寒武紀大部分岩層都是以三葉蟲的變化為指標,牠們就像一個化石時鐘在深度時間裡滴答作響。

一個時代的結束

雖然三葉蟲是古生物學的代表象徵,這群動物只生活在古生代。牠們在寒武紀與奧陶紀(古生代的頭兩個時期)蓬勃發展,但是到了泥盆紀,牠們開始衰退。這群動物最終在二疊紀末消失於有史以來最大的大滅絕事件中,在恐龍出現之前就已經不存在了。

由於牠們美麗的形狀,還有在古老岩層中的存在,人類幾千年來一直非常珍視三葉蟲。考古學家在法國屈爾河畔阿爾西的洞穴裡,發現了一個三葉蟲化石,它似乎在一萬五千多年前被當成吊墜來佩戴,而且表面光滑,已經被磨到無法再辨識是哪個物種。中國古代手稿也有關於三葉蟲化石的記載,它們因為形態與美麗而受到珍視。希臘人與羅馬人也曾討論過它們的用途,北美洲一些原住民將它們當作護身符或聖物;霍比族與克羅族經常將它們放在儀式小包裡。三葉蟲化石至今仍為化石貿易的主要商品,在世界各地的禮品店出售,也被融入珠寶設計中。三葉蟲的形象被用在許多品牌的商標中,是古生物學一個歷久不衰的象徵,也代表我們這個有生命的星球的美麗與古老。

三葉蟲有許多形狀與大小,這讓牠們成為不同時期的理想標記。

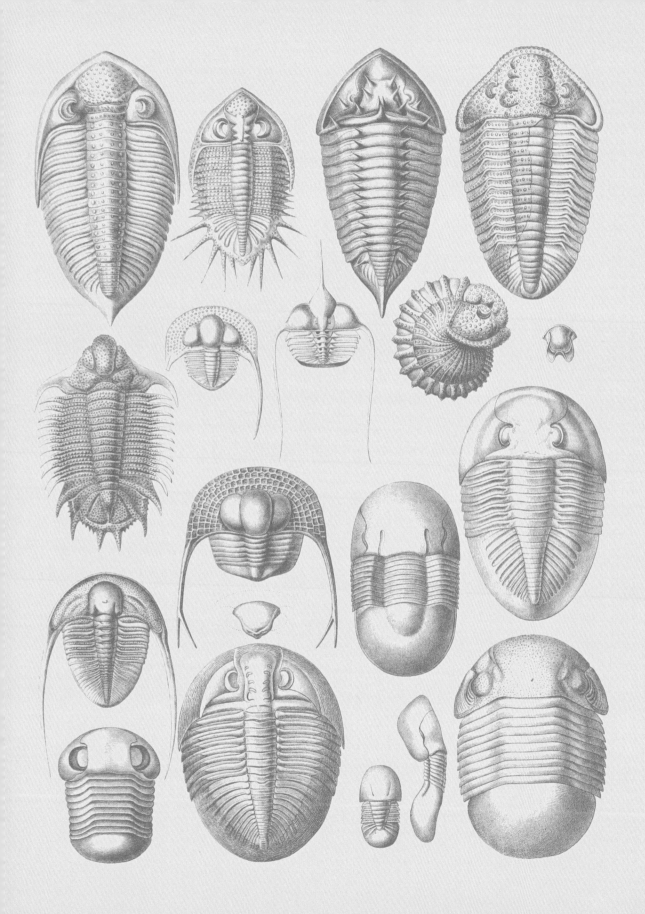

昆明魚 ── 最早的脊椎動物

所有脊椎動物最早的親戚都生活在生機蓬勃的寒武紀海洋中，包括昆明魚這種出土於中國的小型矛狀動物。牠是最早擁有脊髓雛形與其他特徵的一種動物；這些都為脊椎動物的發展提供了藍圖。

昆明魚（*Myllokunmingia*）狀似一片漂浮的葉子，體長只有二‧五公分（一英寸），體型極小。牠沒有頜，可能以濾食經過的浮游生物維生。雖然不起眼，這種動物具有現今所有脊椎動物的基本結構：稱為脊索的脊髓前身、輪廓清晰的頭與尾、包括眼睛的成對感覺結構、背鰭、由重複肌肉片段組織成的身體。昆明魚的化石出土於中國雲南省，其保存狀況絕佳，顯示出牠有六個鰓，身體有明顯的鋸齒形肌肉片段。雖然我們不知道昆明魚在動物系統樹中的確切位置，但牠肯定是已知最古老的脊椎動物，暗示著我們的身體構成在地球生命之初是如何被組織起來。

比我們想像的更古老

昆明魚的發現，將脊椎動物演化的時間往前推到更早的時間。研究人員原本認為，與無脊椎動物相形之下，脊椎動物出現的時間相對較晚。現在看來，脊椎動物也是寒武紀早期生命大爆發的一部分。這告訴我們，推動寒武紀大爆發的力量是普遍的，而且發生得特別快。

像昆明魚這樣的動物，只能透過保存狀況異常良好的化石，來低聲訴說牠們古老的祕密。一般來說，只有礦化的部分如甲殼與骨骼才會被化石化，但在有些情況下，即使是皮膚、毛髮、內臟等脆弱的軟組織，也能在深度時間存續下來。保存這種化石的岩石被稱為「特異埋藏化石庫」（Lagerstätten），是德文「儲存地」的意思。形成化石庫的條件各不相同，但在通常情況下，生物被埋藏在缺氧環境的細小沉積物中，減緩了牠們的分解。世界各地有超過七十五個已知的化石庫，其中至少有十一個屬於寒武紀。由於這些化石庫的存在，我們對動物生命的早期演化有了相當的瞭解。

昆明魚是生活在約五億兩千萬年前的脊索動物，是最早的脊椎動物之一。

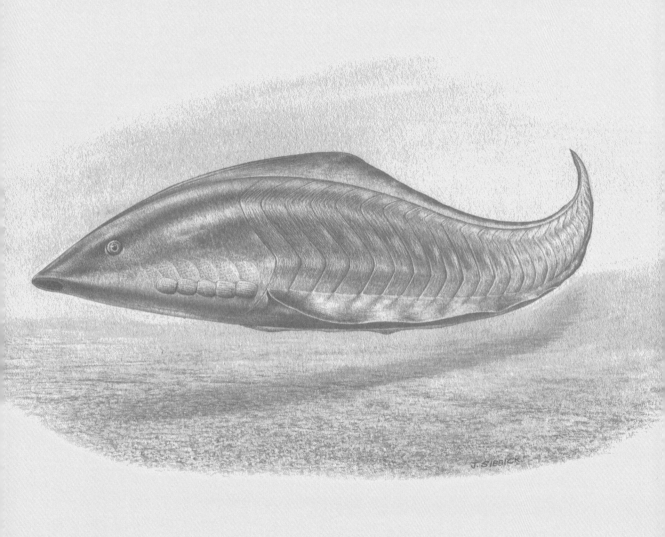

奧陶紀

奧陶紀的地球主要是個水世界。新類型的動物繼續在淺海中演化，許多會躲在最早的珊瑚礁裡尋找掩護。陸地上，植物點綴著河岸與海岸，讓大地變成綠色。這個時期以地球歷史上六次大滅絕事件中的第一次結束，重新確定了演化的方向。

奧陶紀是古生代的第二個時期，始於四億八千五百萬年前，持續了四千一百萬年。寒武紀大爆發之後，演化的步伐已經放緩，但是在奧陶紀，演化的步伐又重新活躍起來，被稱為「奧陶紀生物大輻射事件」。這標示著許多早期生物群的終結，取而代之的，是在無盡的海洋水層中悠游的豐富新動物群。海平面上升，達到整個古生代的最高水平。泛大洋依然主宰著地球，但更小的海洋如原特提斯洋與巨神海，在漂移的大陸之間晃盪，創造淺海棲息地。在奧陶紀的最後階段，海平面再次下降，氣溫降低——導致一場災難性的冰河期與大滅絕。

演化繼續推動生物的革命性適應。在植物界，最早的維管束植物（有內部通道，讓水與營養物質流動的植物）發展出現，而在海洋裡，珊瑚群落正在重組海床上的棲息地。節肢動物之類的無脊椎動物繼續激增，也發展出更多的有殼動物，如腕足動物與軟體動物。在脊椎動物中，最早的有頜魚類演化出現——這是脊椎動物演化史的一個重要發展。

一般認為，奧陶紀的小行星撞擊事件次數，比其他更近期的地質時期多了一百倍。這些小行星撞擊事件從零散的小碎片到規模相當於氫彈的碰撞不等，對地區與全球環境產生了深遠的影響——科學家甚至推測，來自宇宙的撞擊亦對天擇的推動造成了影響。

生物大輻射事件

奧陶紀的動物多樣化是生命史上的一個關鍵時刻。主要動物群體的數量增加了三倍，牠們創造的新生態系統有許多濾食性動物。浮游生物的種類愈來愈多，分布也愈來愈廣；這類微小生物目前仍然支撐著世界各地的海洋食物鏈。稱為筆石的動物，從前只能在海床上覓食，在這個時期，開始在開放水域捕食微小的浮游生物。之前，全球各地的動物是相似的，隨著生物演化出覓食與抵禦捕食者的新方法，生命的模式也變得更區域化。最早的珊瑚礁被建造出來，這些水下城市為其他生物創造了新的生存空間。

大滅絕

　　地球的演化史曾被多次滅絕事件所打斷。就物種滅絕數量與全球範圍而言，其中有六次被確認為最嚴重的大滅絕事件。這些殘酷滅絕事件的第一次發生在奧陶紀末期，由一個冰河期所引發。冰層以現在的撒哈拉沙漠為中心，當時這個地方處於南極附近。冰川冰的增加造成海平面降低，使得大片海洋棲息地裸露且變得乾燥，也讓海洋溫度降到比如今還低攝氏五度（華氏九度）的程度。全球氣溫降到自雪球地球以來最低的溫度。這個冰河時期，可能是小行星撞擊造成大氣中灰塵增加所引發的，這些灰塵可能阻擋了太陽的溫暖。新類型的植物與岩石的風化，也從大氣中移除溫室氣體二氧化碳，增進了冷卻效應。大約六一％的海洋生物滅絕了。這個過程發生了不只一次，每一次的冰點週期都會導致進一步的滅絕。儘管如此，生命還是找到了一條出路。

珊瑚 — 最早的珊瑚礁

珊瑚是地球海洋生態系的一個重要組成分子。最早的珊瑚礁形成於奧陶紀,為海洋生物建構了一個新的棲息地。珊瑚礁的生長從海洋與大氣層吸取了碳,改變了地球的地球化學。牠們的化石在世界各地都有出土,其中有許多陌生的形狀,屬於今天不為人知的物種,但是在古老海洋世界中有著同樣重要的作用。

珊瑚(coral)通常看起來更像岩石,而不是活生生的動物。硬珊瑚是由袋狀的動物所組成,牠們會分泌出一種堅硬的礦物外骨骼,而軟珊瑚則缺乏這種堅硬的骨骼。許多珊瑚與光合生物建立了共生關係,光合生物能製造營養物質以換取安全,並以珊瑚產生的廢物為食。其他珊瑚則濾食浮游生物,或是捕食小魚。牠們是生態系的建設者,與生活在周圍的生物有著密切的關係。

令人驚訝的是,珊瑚與水母、海葵屬於同一類動物,統稱為刺胞動物。牠們最早出現在寒武紀,但是一直到奧陶紀才豐富起來。最早的群體是由現在已不存在的物種所建立的:四射珊瑚與無射珊瑚。這兩類珊瑚都在三疊紀的早期滅絕,被現在的石珊瑚與軟珊瑚所取代。在地球上數量豐富的沉積岩中,珊瑚形成了許多厚實的岩層,這些岩層充滿著牠們繁榮世界的殘留物。這裡不僅保存了牠們的礦物外骨骼,也保留了珊瑚礁內其他海洋生物的遺跡,例如海綿、棘皮動物與有殼動物如軟體動物與腕足動物。

最早的珊瑚礁建造者

最早的珊瑚用方解石製造牠們的外骨骼,這是一種容易形成化石的礦物,讓牠們成為絕佳的指標化石,可以用來詮釋岩石的年齡。現代的珊瑚群體則是由霰石所構成,而霰石不容易化石化。因此,儘管牠們的出現相對近期,我們對牠們的演化瞭解得不多。

四射珊瑚的形狀像角,有著重複的骨板構成的複雜外骨骼。牠們生活在不同的水深,有些是獨居的,有些則形成大型群落。群聚的種類通常相對較小,每一個體可能只有幾公分長,獨居種類則可以長到將近一公尺(三英尺)長。無射珊瑚比四射珊瑚小,形成

四射珊瑚:柱珊瑚(*Columnaria alveolata*,上)與石柱珊瑚(*Lithostrotion basaltiforme*,下)。

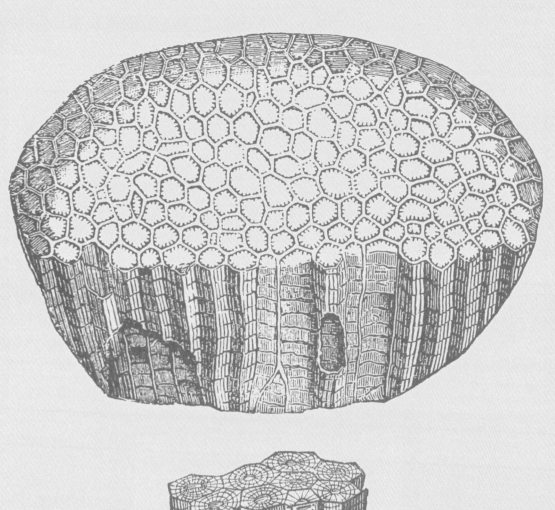

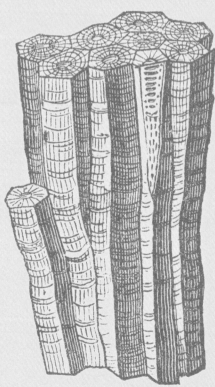

具有複雜的蜂窩狀六邊形外骨骼的群落。牠們的珊瑚礁可以是平坦的、球狀或圓錐狀，而且通常在較淺的水域中形成。

處於危險之中
的珊瑚礁

珊瑚礁是地球行星系統的一個重要組成。牠們的生長以碳移除的方式改變了海洋與大氣的地球化學，並為海洋動物提供棲息地，尤其是數百萬魚類與無脊椎動物的安全孵育地。珊瑚也具有重要的經濟效益，不僅能補充全球漁業資源，也能促進旅遊業發展，因為人們會為了欣賞繁榮的珊瑚礁而周遊世界。

珊瑚礁也是脆弱的。現在有一半以上的珊瑚礁面臨來自氣候變化、棲息地破壞與污染的極端威脅。珊瑚白化造成珊瑚礁的滅絕，而珊瑚白化，指的是居住在珊瑚中的光合生物死亡或被排出，原因往往是溫度極端上升。雖然珊瑚可以在沒有共生伙伴的情況下短時間生存，但牠們從共生伙伴處獲得高達九〇％的能量，因此白化對珊瑚來說通常是致命的。據估計，全球有一〇％的珊瑚礁生態系已經消失，如果我們人類無法遏制自己對自然界的破壞性影響，那麼在未來十年內，可能會有多達五〇％的珊瑚礁消失。

屬於四射珊瑚的方錐珊瑚
（*Goniophyllum*，上）
與屬於無射珊瑚的鏈珊瑚
（*Halysites catenula-ris*，中、下）。

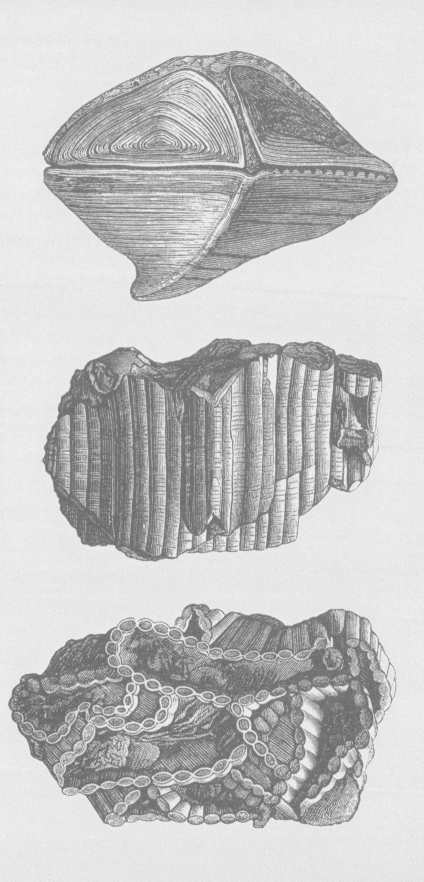

筆石 — 開放大洋的先鋒

筆石的化石看起來像是隱密的鉛筆劃痕,但成千上萬漂浮群落的個體,也只以這樣的形式保存了下來。在奧陶紀,牠們是最早探索開放海洋的一群動物,在海洋中漂流著,以浮游生物為食。牠們的痕跡為岩石提供了非常精確的時間,也幫助科學家重建了複雜的地質情況。

在搜索古生代的岩石時,難免會不小心忽略了筆石(graptolites)的化石。許多筆石化石看起來並不像化石,外觀狀似被畫在岩石表面的痕跡。這讓卡爾・林奈(Carl Linnaeus)評論說,牠們是「類似化石的圖案」,而不是真的化石,並將最早發現的筆石命名為「*Graptolithus*」,意思是「寫在岩石上的筆跡」。有些像是打開的拉鍊,有些則像樹葉或羽毛碎片,這些形狀都是由筆石的膠原框架所形成,裡面可容納多達五千個個體。雖然這些被稱為「個蟲」的居民體型微小,通常不會被保存下來,一般認為牠們是從周圍的海洋過濾食物,用微小的梳狀陷阱捕捉路過的浮游生物。

筆石最早大約在五億兩千萬年前的寒武紀演化出現,並在一億八千萬年後於石炭紀消失殆盡。牠們在奧陶紀迎來全盛時期,從海床上不起眼的附著動物變成世界上第一批在開放海域活動的水手。大多數筆石化石存在於頁岩或泥岩中,形成於深海底部,牠們的數量眾多,形狀與結構隨著時間推移有明顯的變化,這讓牠們成了地質學家用來準確測定岩石年代的生物標記。由於牠們的形狀也會隨著環境條件而變化,我們得以藉此瞭解特定地點的水深與溫度,這讓牠們成為瞭解過去海洋地理的絕佳工具。筆石被認為是雌雄同體——同時擁有雌性與雄性的生殖器官。牠們可能會交替使用性別,或是隨著年齡或是在群體中的角色而改變性別,這一點尚無定論。儘管牠們在生命樹的位置仍不明確,大多數研究人員認為牠們是海膽等棘皮動物的親戚。

筆石化石精選,展現其多
樣的形狀。

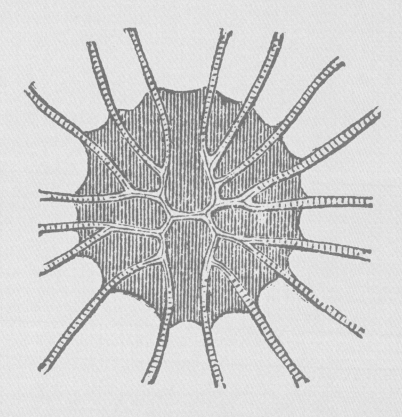

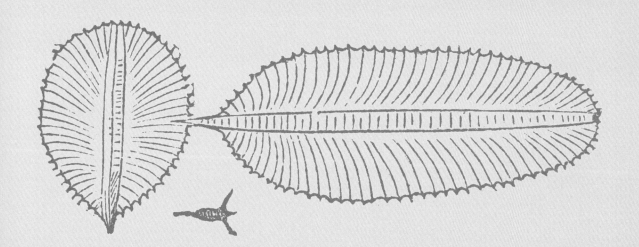

漫遊的群體

最早的筆石與後來在海洋中漂流的自由漂浮群體完全不同。在寒武紀，牠們扎根海床，狀似有葉脈的樹葉。有些底棲的筆石會附著在其他生物與岩石上生活，或是直接生長在海床上。但在寒武紀末期，一切都改變了：在一次滅絕事件之後，海洋生態系經過重組，筆石是其中反應激烈的一種動物。牠們的幼蟲可以自由游泳，沒有沉入海底完成生命週期，而是在水層中像編隊跳傘運動員一樣聯合起來，建構出群體。我們並不清楚這些筆石群體如何在水中行動，可能是隨著水流漂流，也可能利用附肢的擺動動作，在水層中控制方向，上下移動。

在志留紀，筆石演化出愈來愈複雜的結構。這些結構可以像誇張的長睫毛一樣捲翹，形成令人眼花撩亂的微小螺旋，或是一長串筆直的瓣。牠們形狀的多樣正是用處所在，也激發了研究者強烈的科學熱忱。自由漂浮的筆石最後在泥盆紀早期滅亡，雖然底棲種繼續存在了一段時間，不過仍在石炭紀滅絕了。

令人驚訝的是，有些筆石化石出現在受到大地構造作用力擠壓、變形的變質岩中。當這種岩石被折疊和拉長時，化石也隨之變形，形成幾乎無法辨識的印痕。這些像線一般穿過岩石的閃亮條紋，見證了不斷重塑地球的巨大力量。

生活在海底的網格筆石
（學名*Dictyonema crassibasale*）。

牙形石 — 最早的脊椎動物掠食者

地球古生代的海洋岩石中散布著微小的牙形石口器化石。這些重要的指標化石被誤解了一百多年，牠們屬於地球上最早的一批捕食性脊椎動物：一類外觀狀似鰻魚、在海洋中存在超過兩億八千五百萬年的動物。

在牙形石（conodonts）首次被發現後的一百多年裡，人們只將牠們視為微小的礦物形狀。就像顯微鏡底下的雪花，牠們有許許多多令人驚嘆的形式：鉤形與扇形、梳狀、種子狀圓球、星形與有節的螺旋狀。這些比米粒還小的奇怪化石出現在寒武紀，一直到三疊紀岩層都還有牠們的蹤跡，遺留下像是麵包屑般的隱密痕跡。

直到一具保有軟組織的精美牙形石化石出土，古生物學家才終於發現這些奇怪的形狀到底是什麼。原來，這些東西是一種狀似鰻魚卻沒有下頜的動物的礦化口器。有些物種不比指甲長，有些長度則將近半公尺（二十英寸）。更重要的是，牠們是脊椎動物，這讓我們更加認識地球的脊椎動物是如何演化出現。在三疊紀，海平面產生變化、海洋酸化，以及其他新興海洋生物的出現，讓牠們難以承受，才導致牠們的滅絕。由於這個絕妙的動物群體在生命史上存續了很長一段時間，成為重要的指標化石，得以解釋深度時間與幾千年來岩石形成的歷史。

顯微鏡下的奧祕

一八五六年，波羅的海德意志人生物學家海因茨·克里斯蒂安·潘德爾（Heinz Christian Pander, 1794-1865）首次辨識出牙形石。我們只能從它們微小堅硬的部分來瞭解這些動物，這些部分的礦物質與人類的牙齒和骨骼類似。牙形石化石大多非常小（可以小到兩百微米，亦即〇·二公釐），大頭針的針頭就可以裝下一打。在它們被發現之後的幾年間，科學家試圖弄清楚這些微小結構屬於哪一種生物。大多數人認為這些化石是口器或爪子，或許屬於已經滅絕的蠕蟲或蝸牛，也有人甚至認為它們可能來自一種植物。

直到一百二十多年後，才有一件動物化石在蘇格蘭出土，保有

牙形石現在被認為是一種狀似鰻魚的動物，是世界上最早的捕食性脊椎動物。

軟組織，而且礦化口器也完好無缺。過沒多久，更多牙形石的化石在美國、南非等地的特異埋藏化石庫出土。這些新化石顯示，這不但是一種體型細長的動物，而且是一種脊椎動物，因為牠有脊索，沿著身體呈現之字形的肌肉排列，還有不對稱的尾鰭。牠們更有一對可利用帶狀肌肉旋轉的眼睛，這種特徵只見於脊椎動物。

　　牙形石的口器有著驚人的多樣性，這意謂著牠們正在試驗各種不同的飲食。其中有一些可能屬於濾食性動物，張著嘴在浮游生物之間游動。有一些則會主動獵捕食物。牙形石的齒狀結構有細微的磨損，表示牠們會抓咬、剪切與磨碎食物。這讓牙形石成為世界上最早演化出現的捕食性脊椎動物之一——但絕不是最後一批。

一些牙形石口器，像雪花般散落在早期的化石紀錄中。

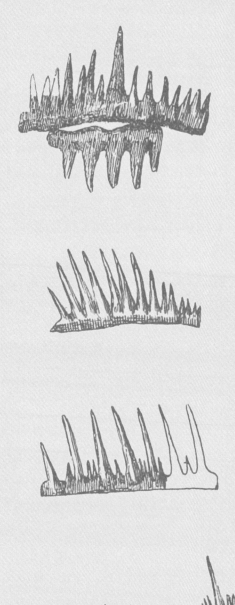

志留紀

志留紀是古生代中最短卻也最瘋狂的時期。冰蓋融化，海平面上升，大陸碰撞造成地球上最古老山脈的形成。最早的維管束植物演化出現，節肢動物大量登陸。同時，在海洋中，魚類演化出礦化的骨骼與頷，為牠們與牠們所有的後代開啟了新的生活方式。

志留紀只持續了兩千五百萬年，於四億一千九百萬年前結束——這對地質年代來說是非常短的時間。它始於造成半數以上海洋生物死亡的奧陶紀-志留紀滅絕事件（奧陶紀大滅絕）。雖然它是古生代中最短的時期，但這個地球歷史上激烈變動的時刻，卻記錄下地球演化過程中最重要的一些事件。

奧陶紀末冰河期留下的冰蓋在志留紀縮小了。當水重新流入海洋，海平面升高，淹沒了大陸的邊緣，形成被熱鬧多彩的珊瑚礁圍繞的島鏈。岡瓦納大陸仍然主宰著南半球，北方大陸的零散碎片則凝聚起來、形成另一個大陸，被稱為歐美大陸。板塊隨著碰撞而皺縮變形，推起了數百英里長的巨大山脈。這被稱為加里東造山運動，而這個橫跨全球的山脈的遺跡，至今仍然存在於北美東部海岸（阿帕拉契山脈）、愛爾蘭、蘇格蘭與斯堪地那維亞半島。雖然經過四億兩千萬年的侵蝕，這些山脈已經被磨得像撞球桿頭一樣平滑，但依然主宰著大地景觀，它們的存在更影響了人類的定居與文化。

在志留紀末期，氣候進一步變暖——這個趨勢一直持續到泥盆紀。隨著海洋表面溫度變高及海平面波動，猛烈的風暴襲擊了海岸線，為生命創造了極具挑戰性的環境。這種破壞性天氣的證據也被岩石記錄下來：熱帶風暴侵襲後留下的破碎貝殼床與破碎的珊瑚礁。

踏上陸地的腳

在志留紀，無脊椎動物永久地將牠們的多隻小腳踏上了陸地。這些先鋒的體長只有幾公分，其中包括多足類（蜈蚣與馬陸）的祖先，以及蜘蛛和蠍子的親戚。牠們之所以能搬移到陸地上生活，完全要感謝那些已經上陸安家的植物。到了志留紀，地衣、藻類與真菌已經和第一批具有水與營養物質循環系統的植物，一起在近乎荒蕪的地球上定居。雖然在奧陶紀岩層中發現的零星孢子暗示這些植物可能更早出現，但是確切的化石一直要到志留紀岩層才出現。這些外觀奇異的結構保存狀況絕佳，生動地展現了古代地球表面的狀

態。這些地表景觀因為動植物的移居與新生態系的建立而迅速被重塑。

複雜的食物網

在遭受奧陶紀末期大滅絕事件的沉重打擊後，海洋生物在志留紀再次繁榮起來。食物網變得愈來愈複雜，隨著群體增殖成新的形狀與體型，編織出錯綜複雜的關係。這個時期的許多石灰岩層顯示珊瑚、海綿與苔蘚蟲大量生長，牠們以水層中經過的浮游生物群和小型無脊椎動物為食。被稱為板足鱟的頂級捕食者，看起來像是蠍子與龍蝦的雜交體，牠可以長到巨大無比，成為有史以來最大的節肢動物。

脊椎動物在志留紀也經歷了其演化史上根本性的變化。第一批魚類沿著河流往上，進入湖泊與溪流棲息，是為淡水魚演化支系的開端。魚類也演化出礦化的骨骼與頜——徹底改變了牠們的生活方式。擁有可撕咬碾壓的頜，讓牠們在生態系中占據新的生態區位，進而推動獵物的演化反應。生活在這個時期的魚群之中，有今天包括人類在內所有脊椎動物的魚類祖先。

原杉菌 ─ 土壤改造

在志留紀,地球上出現了一種空前絕後的生命形式。原杉菌是像房子一樣高大的巨大真菌,至今仍是該時期最大的生物,幫助形成了最早的土壤,為陸地生命的出現創造出先決條件。原杉菌在永遠消失之前,存在超過一億年的時間,後來只有體型較小的真菌親屬一直繁衍至今。

在提到真菌時,我們想像的是在森林地面冒出來的小蘑菇。但是在四億兩千五百萬年前,第一批動物尚未登陸之前,地表長滿許多高大的真菌。原杉菌(*Prototaxites*)狀似無樹枝的樹幹,可以長到八公尺(二十六英尺)的高度。它比兩隻長頸鹿加起來還要高,寬度約為一公尺(三英尺),是數百萬年來地球上最大的生物。

地表的所有生命都要感謝真菌。它們是我們的先鋒開發者,為其他動植物創造了賴以生存的土壤。陸地上最古老的化石真菌為古怪管狀真菌(*Tortotubus*),出現在奧陶紀,狀似非常細的毛髮。由於真菌化石體積小且沒有骨架,很難與微生物區分開來,但主宰著古老地理景觀的原杉菌顯然是個例外。原杉菌於十九世紀首次在加拿大出土時,由於具有同心圓生長環而被誤認為樹幹──*Prototaxites* 的意思是「第一棵紫杉」。在過去一百年間的不同時期,原杉菌曾被認為是藻類、植物或真菌。一直到它的化石在一九九〇年代受到重新檢驗以後,大多數研究人員才同意它是一種真菌,甚至可能是地衣。

最早的真菌不但幫助製造土壤,也為陸地上的第一批生命提供食物與遮蔽。一些研究人員認為,有些原杉菌化石上的微小孔洞,是昆蟲以它為食物與築巢時啃咬出來的結果。「樹幹」中的生長環傾向一側,充滿管狀細胞,狀似真菌菌絲。目前尚不清楚原杉菌為何滅絕,但這可能是與新演化出的植物物種競爭空間與營養的結果。到了泥盆紀末期,這些巨大生物已經從地球上消失,但它的親屬繼續在地球上到處繁衍,尤其是潮濕的地方。

原杉菌(*Prototaxites loganii*)的復原圖,有皺褶的表面與分支結構。

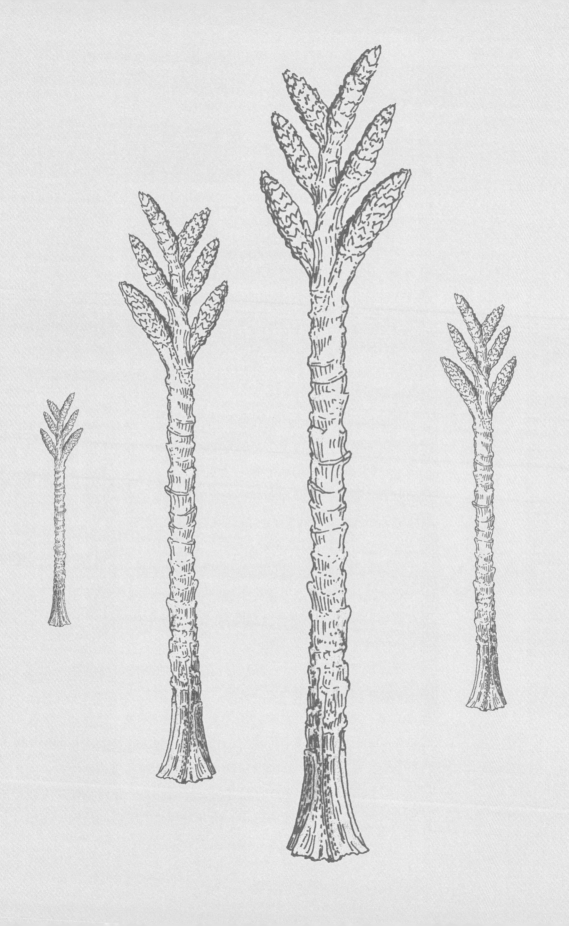

以死物為食

真菌看起來可能像植物，但它們在生命樹上有自己的獨立分支。更有甚者，分子分析顯示，相較於植物，它們與動物的親緣關係更接近。真菌為異營生物，也就是必須從其他生物獲取營養。它們通常以死亡及腐爛的有機物為食，但也有一些具有致病性，會讓宿主染上疾病（如癬或山谷熱）。

最早出現在陸地上的真菌是個謎，因為我們無從得知它們以什麼為食。因此，地衣被認為是最早登陸的開拓者，這要歸功於它與能行光合作用的藻類與藍綠菌的伙伴關係。然而，原杉菌可能扮演分解者的角色，以最早登陸的生物為食。針對原杉菌組織的同位素比值研究顯示，原杉菌獲取碳的來源是其他生物的組織，而不是光合作用。這個證據是有爭議性的，關於這種奇怪的巨大生物如何生活和進食，目前尚未有定論。

真菌無疑在地球表面的轉變中扮演了關鍵的角色。真菌生長加上水、風與冰的侵蝕作用，可能幫助製造出第一批能供植物移居的土壤。它們有能力利用消化酶，分解幾乎任何東西，對於將營養物質回收到食物網中非常重要。有人認為大滅絕之後，真菌數量可能有所增加，因為它們正努力分解已滅絕生命的殘骸。

無處不在的真菌

藻類與真菌可能一起移居陸地，真菌以藻類為食，或是兩者共生，這種關係可能可以追溯到十億年前的前寒武紀時期。出土於加拿大北極地區的史前真菌曳尾圓菌（*Ourasphira*）化石，被認為是真菌存在於地球上的最早證據之一。

在漫長的演化史中，真菌與許多不同的動植物群體建立起關係。螞蟻與白蟻會在巢穴中「養殖」真菌，真菌與昆蟲少了彼此就無法生存。真菌和其他生物之間最重要的一種關係，是與植物的菌根共生。菌根菌在土壤中出現的形式是圍繞植物生長的白色細絲，稱為菌絲。它們會釋出對植物營養非常重要的磷及其他礦物質，而它們的菌絲可以固定土壤並保持水分。一般認為，菌絲與植物之間的密切關係已經存在超過四億年，現今有超過八五%的植物物種都

經營著這種特殊關係。如果沒有真菌，植物與它們所支撐的複雜陸地生態系就不可能在地球上演化出現。

頂囊蕨 — 最早的維管束植物

頂囊蕨是化石紀錄中最早出現的植物之一，也是最早的維管束植物，有著用來運輸水和營養物質的特化組織。維管束植物運用來自太陽的能量與來自土壤的水，將世界變成綠色，塑造了新的生態系。頂囊蕨是現今大多數植物群體的祖先，它永遠改變了地球的陸地景觀。

植物的演化是地球歷史上最重要的故事之一。它們扮演著非常重要的角色，藉由氣體交換支配著大氣層的組成，透過其生長與分解改變了地球化學，支撐著食物網，並為其他生物創造棲息地。由於植物缺乏礦化的組織，植物化石非常罕見，因此我們很難追溯它們的起源與隨著時間的演化。最早的植物通常只能由它們的孢子呈現——這類化石出現在奧陶紀，表示植物在那個時候已經開始移居到陸地上。然而，最早的植物「身體」化石為頂囊蕨（*Cooksonia*）化石。它生長於志留紀晚期，在接下來的數百萬年一直是地球植物相的重要組成分子。

頂囊蕨只有幾公分高，細莖頂上有喇叭狀的生殖結構，上有許多稱為孢子囊的小孢子。它們從稱為根莖的匍匐莖上生長，而不是從根部，沒有葉子或花。雖然頂囊蕨可能是綠色的，它或許並不完全倚賴光合作用來獲得營養。它之所以重要，是因為它是我們已知最早的維管束植物，而維管束植物至今仍然主宰著地球。

生態演替

生物群落會隨著時間的推移而改變，這個過程稱作生態演替。這個時間尺度可能從數百年到數百萬年不等。生物群落圍繞著少數先鋒生物而形成，隨著時間推移而愈形複雜。它們通常會達到一個穩定的點，即所謂的「顛峰群落」，並保持平衡，直到某個干擾改變了環境條件，例如野火或山崩等自然災害。綜觀化石紀錄，我們可以從新陸地被移居、群體演化，以及小範圍到重塑世界的全球滅絕事件等，追溯生態演替在深度時間的變化。

最早出現在地球陸地景觀的是先鋒細菌，然後是藻類與真菌。

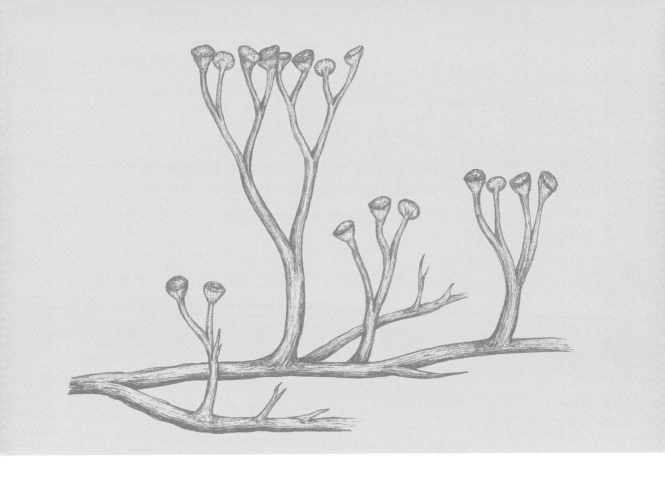

頂囊蕨是地球上最早演化
出現的維管束植物。

陸生植物從水生綠藻演化而來，一開始在湖泊與河流邊緣、靠近水的地方生長。在那裡，它幫助最早的土壤產生，這對創造條件、讓新植物演化是非常重要的。隨著維管束系統與根系的發展，這些植物變得不再依靠地表水，開始蔓延到新棲息地與更乾燥的地區，從土壤深處獲取水分，並將水分運送到全身上下的組織。最後，在環境條件適合的地方，原本光禿禿的岩石與塵埃逐漸變成綠色大地。

板足鱟 — 地球上最大的節肢動物

板足鱟是古生代最多產的捕食者群體之一，又稱海蠍子。其中包括曾經生活在地球上最大的節肢動物，在水生環境中潛行，從黑暗的海床到淺水內陸沼澤都有牠們的蹤跡。板足鱟有強大的槳狀肢與螯，是令人畏懼的捕食者，在完全消失之前，在水中橫行了兩億年之久。

板足鱟（*Eurypterus*）生活在四億兩千萬年前的北半球海洋中，是一種海蠍，看來像是有著堅硬外骨骼的龍蝦，身體前方長有巨大的槳狀肢，可能有助於在水中前進，功能就如同潛水艇的槳。這個群體在奧陶紀初期出現，但一直到志留紀才成為海洋生態系的主要組成分子。牠們是活動敏捷的海洋捕食者，可以用強而有力的螯撕開獵物。

海蠍是節肢動物，這類動物包括具有體節與關節附肢的無脊椎動物，如昆蟲、蜘蛛、馬陸與甲殼類動物。雖然外觀狀似蠍子或龍蝦，一般咸認牠與馬蹄蟹（劍尾目）及蜘蛛（蛛形綱）的親緣關係較接近。這個群體相當多產，也很長壽，在世界各地的海洋、鹹水與淡水都有牠們的蹤跡。有些研究人員甚至認為，牠們可能已經能登上陸地活動，這要歸功於牠們能夠處理空氣與水中氧氣的雙重呼吸系統。

板足鱟有長在身體前部的複眼，這賦予牠們立體的視覺，能瞄準獵物。對於居住在地球古代海洋的其他生命形式來說，這些海蠍代表無處不在的危險。舉例來說，耶克爾鱟（*Jaekelopterus*）是生活在泥盆紀早期的巨型板足鱟，從頭到尾長達二·六公尺（八·五英尺），比特大雙人床還長，這讓牠成為地球歷史上最大的節肢動物。雖然還有其他幾個巨大的物種，大多數板足鱟的體型都偏小，通常不到人類手掌的長度，最小的比一顆葡萄還小。儘管在海洋中繁榮了兩億多年，海蠍的多樣性在志留紀之後開始下降，整個群體在二疊紀末期一次毀滅性的滅絕事件中消失殆盡。

槳足板足鱟（*Eurypterus remipes*）是生活在志留紀的一種板足鱟。

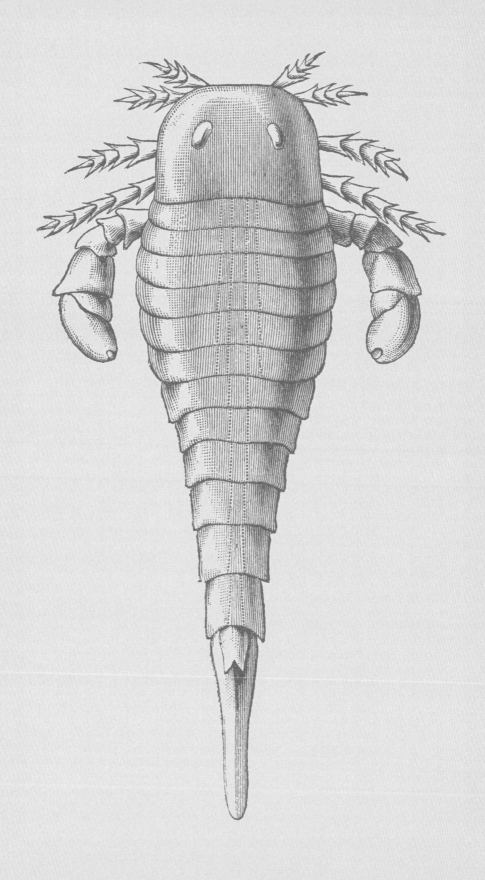

爪角族

板足鱟屬於被稱為螯肢亞門（Chelicerata，有「爪角」之意）的節肢動物，螯肢亞門包括馬蹄蟹、蛛形綱（盲蛛、蟎、蠍子與蜘蛛）與海蜘蛛。螯肢亞門動物的歷史始於寒武紀，一直延伸至今，其名稱來自牠們的第一對附肢（通常靠近嘴或為嘴的一部分），稱為螯肢，狀似獠牙或鉗子。牠們是地球上一個主要的節肢動物群體，在生態系中扮演捕食者與清道夫的重要作用。

雖然螯肢亞門動物目前涵蓋許多陸地居民（而且牠們的化石包括一些最早的陸生動物），牠們最早是在海裡演化的。馬蹄蟹（鱟）是與板足鱟親緣關係最接近的一種動物，被稱為活化石，因為牠們從志留紀以來就沒什麼變化。然而，由於天擇的緣故，沒有動物是一成不變的，即使表面看來變化極小。現代的鱟與古代的馬蹄蟹表親並不是同一個物種，牠們的身體結構非常不同。

**身型巨大
的代價**

巨型海蠍如龐大的耶克爾鱟，因體型驚人，得付出相對的物理代價。就像所有的節肢動物，板足鱟的體表覆蓋著一層堅硬的角質層，而角質層無法隨著牠們體型的成長而延展。因此，板足鱟得定期蛻皮，扭動身體脫掉舊的外骨骼，像舊衣服一樣把蛻下來的殼丟掉。這意謂著巨型板足鱟在蛻皮過程中損失了大量的能量。牠們也很難吸收到足夠的氧氣，為龐大的身體供應能量，而體積龐大代表行動比較緩慢。

為了彌補這些缺點，大型板足鱟往往有的是很薄且沒有礦化的外骨骼。結果，牠們身體的主要部位較少化石化，因為這些部分更可能被分解或在深度時間的過程中被破壞。少數被保存下來的易碎外層跟紙一樣薄；相形於牠們的巨大體型，這樣的外層可以減輕其體重，減少蛻皮的成本。雖然身體很脆弱，牠們的尖爪卻是一點也不脆弱——這些螯很強壯，即使是外殼最薄的巨鱟，也能毫不費力地肢解獵物。

槳足板足鱟是生活在志留紀的板足鱟，本圖為腹側視角。

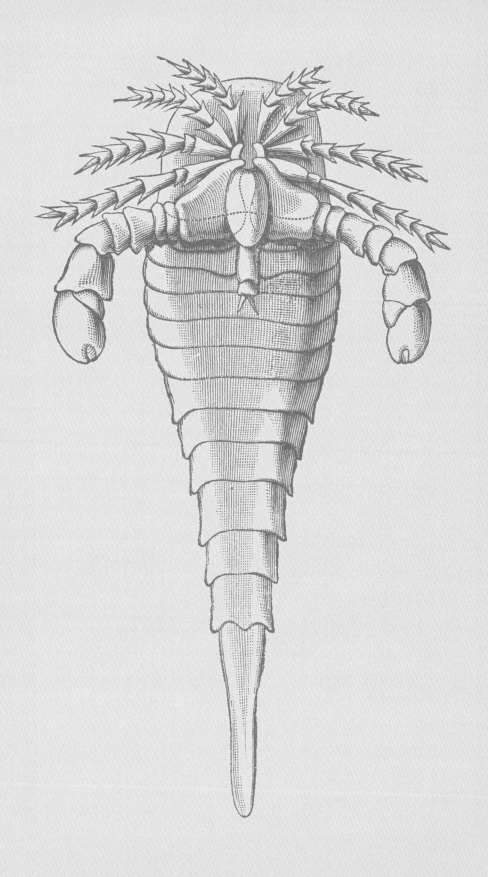

泥盆紀

泥盆紀介於四億一千九百萬年前至三億五千九百萬年前，通常被稱為「魚類時代」。一些最引人注目的盾皮魚如鄧氏魚，在這個時期很常見，此外還有鯊魚和最早的輻鰭魚。最早的菊石也在此時期演化出現，在海洋中漂浮著，而此時期的地球仍由單一大洋所主宰。然而在陸地上，節肢動物開始占領新的棲息地，而植物演化出真正的根與種子，徹底改變了這些棲息地。最早的四足脊椎動物，即四足動物，試探性地邁出上陸的第一步，享受這些豐盛的食物。泥盆紀末期的大滅絕事件重塑了世界，消滅主宰地球數百萬年的生物，為四足動物的崛起創造了適合的條件。

在泥盆紀，泛大洋仍然主宰著地球。這片廣闊的藍色海洋橫跨北半球與赤道的大部分地區。岡瓦納大陸仍然在南方，是一片寬闊的大陸，周圍散布較小的陸塊。被珊瑚礁圍繞的島嶼，穿過赤道往北延伸。在泥盆紀，這些小型陸塊逐漸相互靠近，開始凝聚成新的大陸塊，如歐美大陸。海平面相當高，創造大量的淺海環境與熱鬧的珊瑚礁生態系。全球氣候相對溫暖，赤道地區氣候炎熱，岡瓦納大陸本身的氣候則較為溫和。

泥盆紀海洋中最明顯的演化劇本發生在魚類身上。鯊魚和輻鰭魚一樣，演化出無數的新群體。到泥盆紀為止，最具代表性的魚類居民是披著盔甲的盾皮魚，世界各地的泥盆紀岩層都有大量的盾皮魚化石，宛如戰爭後成千上萬被丟棄的盾牌。牠們與當時依然常見的三葉蟲共享海洋，而世界上另一種最具代表性的化石，即菊石（或更正確地說，菊石亞綱動物），也在這個時期首次出現。

對陸地上的生物來說，這個時期也是極其重要的時刻。植物體型愈來愈大，形成最早的廣闊森林。這樣的森林之所以能形成，是因為真正的根與葉出現了，而且到了泥盆紀末期，最早的種子植物演化出現，稱為裸子植物。木賊及蕨類植物也出現了，這些青翠的植物會共同造成全球性的影響，產生一個碳匯。這些植物吸取大氣層中的二氧化碳，導致氣候變冷。全球氣候變化可能在泥盆紀末期大滅絕中，扮演了重要的角色；在這次大滅絕中，淺海生物與珊瑚礁受到嚴重的打擊。

儘管發生了這樣的動盪，一些不可思議的生物還是從泥盆紀晚期雜草叢生的池塘裡冒了出來。一些有頜的硬骨魚試探性地從水中走出來。脊椎動物終於加入許多已經在陸地上生存的節肢動物，包括蠍子、馬陸與蜘蛛的祖先。有史以來，陸地生命的組成呈現出我們今日可能認得的結

構，而我們最古老的祖先是最後加入這個陣營的動物。

老紅砂岩

泥盆紀以稱為老紅砂岩的特殊岩石聞名。這些岩層可見於北美洲東岸、格陵蘭、不列顛群島、愛爾蘭與挪威。老紅砂岩在早期的古生物學扮演非常重要的角色，揭露了泥盆紀的環境條件，並且在古代的湖底與河床保留下壯觀的魚類、節肢動物與植物化石。

在蘇格蘭，有些地方的老紅砂岩與更古老的岩層形成一個奇怪的角度。其中最著名的是西卡角，這裡的老紅砂岩與志留紀岩層成直角。這個特徵被地質學家稱為「不整合」。蘇格蘭地質學家詹姆斯・赫頓藉由觀察這些岩層之間分歧的角度，瞭解到地球有多古老，以及陸地作用可以在數百萬年的時間內，讓整個岩層傾斜。

珊瑚礁遭受重創

泥盆紀末期的大滅絕事件帶來了巨大的衝擊，但是對陸地世界的影響小於對海洋的影響。珊瑚等淺海溫暖水域的生物遭受了最嚴重的損失，許多關鍵生物的族群數量，隨著破壞在生態系中蔓延而崩潰。

滅絕的原因很難界定，因為發生的時間拖得非常長。森林的發展與富含矽土的岩石風化，都改變了大氣層，降低二氧化碳含量，讓地球變冷。陸地生命的蓬勃發展，也可能增加隨著溪流、河流流入海洋的土壤與營養物質，讓水體中的藻類大量繁殖。在現今世界中，這樣的藻華會讓珊瑚礁窒息，遮蔽陽光並降低海水的氧氣含量，殺死被困在下面的一切生命。

有證據顯示，泥盆紀沉積物中普遍存在缺氧現象。這可能導致整個海洋生態系的死亡，也意謂著當死亡生物的屍體沉入海底後，不會那麼快腐爛，因而被保存下來。隨著時間推移，這些豐富的有機層被轉化成石油；沉積在上面的岩石層就像一個巨大的葡萄壓榨機，壓縮並加熱這些有機物質。現在，在北美洲等地，這些石油仍是人類工業的一個主要來源。

鄧氏魚 — 魚類時代

在所有泥盆紀的居民中,最容易辨認的就是鄧氏魚。牠是一種巨大的盾皮魚,有刀刃般的頷。有些物種的體長堪比巴士,無疑是海洋世界的大患。在這個時期,有頷脊椎動物開始散布,占領了世界的海洋與湖泊,改變了脊椎動物演化的整個進程。

鄧氏魚(*Dunkleosteus*)是一種生活在三億六千萬年前的盾皮魚。這種巨大的捕食者看來像是鯊魚與開罐器的混合體,可怕的大嘴邊緣有著鋸齒狀的頷。鄧氏魚屬約有十個種,其中包括一些有史以來體型最龐大的盾皮魚。最惡名昭彰的是泰雷爾鄧氏魚(*D. terrelli*),體長超過七公尺(二十三英尺)。鄧氏魚的化石可見於北美洲、歐洲與北非。這些頂級捕食者可能游得比較慢,卻擁有快如閃電、能碎骨的咬合力道。

正如名稱所示,盾皮魚的頭部與「肩膀」周圍包裹著一層骨板,身體的其他部分則有著鱗片構成的鎖子甲。這種盔甲的配置,讓牠們依舊能夠輕鬆地移動與進食。大多數盾皮魚沒有我們認識的牙齒,而是有著鋒利的喙狀嘴,非常適合用來切割、穿刺與粉碎。這些魚類在之前的志留紀出現,其中包括第一種已知的有頷魚,其體型不比一本平裝書大,名叫初始全頷魚(*Entelognathus primordialis*),學名的意思是「原始的完整頷」。

頷部的發展改變了演化的進程。頷可能是從鰓弧演化而來的,鰓弧是支撐魚鰓並幫助魚類呼吸的支持結構。最靠近頭部的鰓弧與頭骨融合並向前移動,最後形成上頷與下頷,以及部分顱骨。運用堅實的下頷,魚類得以抓緊食物,加以操控,咬住或壓碎之。有些魚利用頷進行吸食或是讓頷部突出(指牠們將頷部往前伸出,以攫取獵物的動作)。頷的出現,在整個海洋生態系中造成連鎖反應。具有堅硬外骨骼的獵物,再也無法完全倚賴外殼的保護。如果動物想要在地球豐富海洋中穿梭的飢餓大嘴中存活下來,動作就必須變得更快,並發展出類似尖刺的防禦系統。

鄧氏魚是一種會捕食獵物的盾皮魚。

海裡有很多魚

鄧氏魚之類的盾皮魚,是泥盆紀最常見的脊椎動物化石,但牠們並不是這些古老海洋中唯一的動物。與牠們一起出現的還有最早的鯊魚,例如出土於北美洲、行動敏捷的裂口鯊(*Cladoselache*)。裂口鯊擁有流線型的身體與較軟的軟骨架,外表與我們今日熟知的鯊魚相似。

與此同時,硬骨魚也持續多樣化。這些動物有軟骨內骨(結構比其他的骨骼類型更堅固),也有帶有牙齒的頜、明顯的頭骨與身體鱗片。硬骨魚形成兩個主要的生命分支:輻鰭魚與肉鰭魚,這兩大類合起來的物種數,比地球上其他任何脊椎動物群體都來得多。四足動物是從肉鰭魚演化而來的。你甚至可以說,我們只是極端不尋常的陸生硬骨魚。

**蘇格蘭的
性之湖**

世界上有些最著名的泥盆紀化石床位於蘇格蘭。出土於這些化石床的動物,講述了魚類時代有關性愛的情愛故事。化石含量最豐富的岩層曾經是一個半熱帶淡水湖的湖床,名為奧卡迪湖。它位於目前的蘇格蘭北部與北海,那裡曾有豐富的甲殼類動物與軟體動物,許多魚類以牠們為食,其中包括盾皮魚在內。隨著時間推移,水位上升、下降,這個棲息地週期性地萎縮、甚至乾涸,導致動物族群大規模死亡。這些時刻在深度時間裡留下的「魚床」,由千百計的魚類化石堆積而成,有如秋天的樹葉。

泥盆紀的魚類化石床,對我們早期對化石紀錄的科學理解非常重要,而且至今仍在創造科學奇蹟。小肢魚(*Microbrachius*)是鄧氏魚的表親,最近在化石紀錄中提供了交配的第一個證據。魚類的受精方式各不相同:有些是體內受精,有些則是產卵——將卵子與精子釋放到體外混合受精。證據顯示,小肢魚會側身交配,將前鰭連在一起,讓雄性藉由 L 形交尾器將精子轉移到雌性身上。在三億八千五百萬年前,這是脊椎動物體內受精的最古老證據。一般認為,體內受精與體外受精在魚類演化過程中經歷了多次演化——當然也包括四足動物的祖先。

這種性愛「排舞」的結果,也被保留在奧卡迪湖的沉積物中。胚胎則是在稱為沃森盾皮魚(*Watsonosteus*)的懷孕個體的腹部中發現的,這種魚跟小肢魚差不多在同一個時期生存與滅絕。這些胚胎化石中有發育不全的微小骨骼,是目前已知最古老的脊椎動物胚胎化石紀錄。

頂級捕食者

捕食者與獵物之間永無止境的相互作用,從地球上第一批複雜生命出現就開始了。在生態學研究中,複雜食物網追蹤的是能量在生態系中的流動。處於「頂端」的是頂級捕食者,指以其他動物為食且沒有天敵的動物。雖然我們可能自認為是頂級捕食者,但實際上人類並不是。人類有著多種營養層次的混合飲食,而且儘管握有各種科技,人類仍然具有許多天敵。頂級捕食者令人著迷。在涉及化石紀錄時,我們尤其被大型肉食動物所吸引,鄧氏魚就是個例子。

自最早的人類出現以來,人類與頂級捕食者的關係從來都不簡單,導致牠們在許多大陸上減少與滅絕。牠們的消失也凸顯牠們在生態系中的關鍵角色,牠們往往是關鍵物種(對生態系的健康運行具深遠意義)。捕食者控制獵物的族群數量,這又反過來影響了植物被啃食的情形。在美國黃石國家公園的一個例子中,狼的重新引入(之前被人類獵捕至滅絕)改變了草食動物的數量與進食行為,讓被過度啃食的植物物種得以恢復,也讓整個棲息地再生,供其他物種占據,更重振了整個公園的生物多樣性。

鄧氏魚和其他盾皮魚是泥盆紀末期大滅絕事件的眾多受害者之一。然而,有許多群體都在等著取代牠們。鯊魚尤其擅長在海洋中扮演捕食者,但隨著地質時代的推移,許多動物群體都曾在海洋與陸地上占據這個生態區位。這些動物在數百萬年的時間裡確保了生態系的重要功能,並在地球的化石紀錄中留下戲劇性十足的痕跡。

呼氣蟲 — 陸地上的首批動物

從志留紀末期到泥盆紀這段時間，地球的大陸成了首批陸生動物的家園。狀似馬陸的呼氣蟲是最早的節肢動物先驅。同時，蜘蛛與蠍子的早期親屬，也利用已在地球表面建立起來的植物與真菌生態系。牠們在陸地上進食、繁殖與死亡，為陸地食物網增添了新的複雜性，也為後來從水邊冒險登陸的其他動物提供了獎勵。

隨著地球表面被植物染綠，動物跟隨植物的腳步上岸只是時間問題。第一批維管束植物在地球大陸的年輕土壤中安家後不久，節肢動物踏進了這些矮樹叢。這些無畏探險家留下的最古老證據之一，是在蘇格蘭亞伯丁附近出土的一塊化石，名為呼氣蟲（*Pneumodesmus*）。牠是一種多足類，與馬陸和蜈蚣屬於同一個群體。雖然原本將牠的年代界定在四億兩千三百萬年前的志留紀，但是近期研究顯示牠可能更年輕，生活在最早期的泥盆紀。無論如何，到了泥盆紀，動物已經在陸地上站穩腳跟，而呼氣蟲更是最早在地球上行走的動物之一。

呼氣蟲的外觀可能和這種現代的馬陸很像。

目前出土的呼氣蟲化石只有一件，而且只是一塊一公分（○·

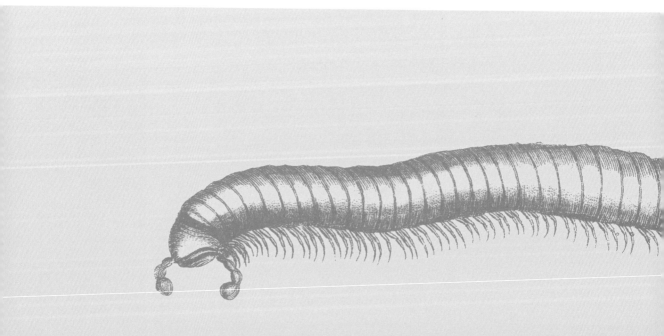

四英寸）的身體碎片。然而在這一小塊化石中，可以清楚看到很多隻腳，從一隻可識別的馬陸狀動物的六個體節長出來。更重要的是，呼吸結構的細節清楚可見：外骨骼角質層上有稱作氣門的孔。這些氣門讓氧氣與其他氣體進入並離開身體，這塊化石也是根據這項特徵而命名為呼氣蟲（Pneumodesmus 的「pneumo」來自希臘文的「呼吸」或「空氣」）。這塊化石提供了第一個呼吸空氣的決定性證據，這是一種全新的演化適應，為數百萬微小的節肢動物探索者，以及追隨牠們的捕食者，開放了大陸的表面。

節肢動物的地球

在泥盆紀，呼氣蟲並非獨自生活在植被中。還有許多多足類和牠一起生活，最古老的多足類化石出現在志留紀與泥盆紀的岩層。儘管不屬於任何現代的馬陸或蜈蚣群體，牠們是現存馬陸與蜈蚣的早期親戚，外表與馬陸和蜈蚣非常相似，具有分節的長條狀身體與許多腳——馬陸每個體節的兩側各有兩隻腳，蜈蚣則只有一隻。目前已知有最多腳的馬陸是全足顛峰馬陸（Illacme plenipes），擁有七百五十隻腳。現存的大多數馬陸都是食碎屑動物，以腐爛的植物為

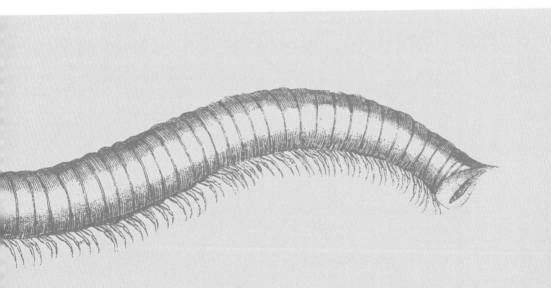

食。這些動物的化石紀錄很少，因此每一件化石對於我們瞭解生命從水裡浮現的過程都特別珍貴。最早的多足類，可能是受到早期植物產生的新食物來源所吸引，才來到陸地上。

最早的蛛形綱動物也充分利用了頭頂上的廣闊天地。蛛形綱動物包括蟎、蠍子、蜘蛛與盲蛛。牠們有八隻腳（不同於昆蟲的六隻腳），大多數仍生活在陸地上，儘管少數（如水蛛〔*Argyroneta*〕）又回到水中生活。奧陶紀與志留紀的化石顯示，蛛形綱動物和其他節肢動物可能在更早的時候就偶爾會出現在陸地上，但是到了泥盆紀，有些已經完全過渡到能夠呼吸空氣的狀態。最早的蛛形綱動物是角怖蛛，這是一個已經滅絕的群體，看起來像是蜘蛛與蟎的雜交體。蟎與擬蠍也很多，後來還有類似蜘蛛、具有吐絲管能製造絲的始蛛（*Attercopus*）。就像今天一樣，這些早期的蛛形綱動物大多是捕食者，可能以其他從水邊冒出來的節肢動物為食。

到泥盆紀末期，出現了第一批昆蟲，據估計，昆蟲構成今日地球上所有動物生命的九〇％。最後，一些脊椎動物也過渡到陸地上，這或許是受到尋找新的食物來源所驅動。我們所知的陸地生命基礎終於到位了。自此之後，演化在這些群體中繼續發揮作用，創造出我們今日所見的驚人多樣與多量。

牠們有什麼用處？

節肢動物通常被看作是害蟲，昆蟲尤其如此。然而，牠們在整個地球的運行中扮演十分重要的角色。現在有超過一萬六千個多足類物種、六萬種蛛形綱動物，以及大約一千萬種的昆蟲。牠們不僅在地球最早期生態系中舉足輕重，至今對自然界及人類的世界仍然非常重要。

多足類處理森林中的落葉，成為營養循環中的一個重要齒輪。蜈蚣通常是捕食者，最大的蜈蚣甚至能吃小型哺乳動物與爬蟲類。蛛形綱動物大多也是捕食性的，因此在調節獵物的族群數量方面，發揮重要的作用。這裡所指的包括昆蟲害蟲在內，這些害蟲數量若不受控制，就會損害植物的族群數量。因此，不起眼的蜘蛛對人類

農業非常重要。蟎與蜱可以寄生並傳染疾病，對人類及其他動物構成威脅，其他昆蟲也會造成類似的危險。然而，昆蟲的角色變化多端，其價值確實無法估量，包括生產蜂蜜，甚至以其勤奮的活動精明操控整個生態系，例如蜜蜂、螞蟻與白蟻。

許多節肢動物都有毒，有些對人類甚至具有致命性。然而，讓獵物喪失能力和死亡的毒液也可發揮其他用處；蜘蛛毒液已被用作替代的殺蟲劑，科學家也正在研究其醫藥用途，以及在新材料上的應用。此外，節肢動物可以為包括彼此在內的無數動物提供食物來源。許多節肢動物是人類的食物，包括狼蛛、蠍子、蚱蜢、白蟻與象鼻蟲等。目前，世界各地有多達二千零八十六種節肢動物被當成食物，而且至少從舊石器時代開始，牠們已經成為食物的來源。有人認為，隨著人類人口不斷增加，昆蟲尤其可能在未來提供重要的蛋白質來源——這是資源密集型肉類養殖的替代方案。

我們很難想像一個沒有節肢動物的地球；事實上，這樣的地球可能無法存在。早在泥盆紀，世界就是節肢動物的天下。但牠們冒險去到的地方，捕食者也在不遠處。節肢動物的存在，為另一個從水中出現的動物群體提供了食物，而這個動物群體在人類的演化史上特別重要：這裡講的是四足動物。

菊石 — 地質時代的螺旋

菊石是最常見也最容易識別的一類化石。這些海洋軟體動物生活在海中,在保護牠們柔軟身體的螺旋狀貝殼裡生長。牠們有好幾個像魷魚一樣的腕,從開口端伸出來,尋找食物。在繁盛了超過三億四千萬年之後,牠們與非鳥恐龍差不多在同一個時期滅絕。菊石除了是地質學家的重要指標化石,幾世紀來也在民俗文化中扮演著重要的角色。

在長達三億四千萬年的歷史中,菊石(或者更準確地說,菊石所屬的菊石類動物)在世界各地的海洋中生存。牠們的體型變化非常大:最小的跟你的指甲差不多大,最大的直徑超過兩公尺(六英尺)。牠們屬於軟體動物,其他軟體動物還包括蛞蝓、蝸牛與魷魚。菊石柔軟的身體很少被保存下來,因此我們很難弄清楚牠們的解剖結構與生活方式。大多數菊石類動物可能生活在開放的水域中,從淺海到最深的海洋都有,但是可能不存在於半鹹水或淡水的環境中。有些物種以浮游生物為食,有證據顯示牠們可能會噴出墨水作為防禦手段,與牠們的親戚魷魚與章魚類似。

儘管獲得了驚人的成功,牠們還是在白堊紀末期的大滅絕事件中,與非鳥類恐龍一起消失了。目前只有近親鸚鵡螺仍然存在。菊石的突然消失仍然是個謎,但很可能是大滅絕事件消滅了海洋中的浮游生物所致。這裡所謂的浮游生物,包括菊石的主要食物來源以及牠們的卵,因此牠們完全無法復原。然而,菊石化石如此普遍且容易識別,也讓牠們的故事流傳下去,並且融入世界各地的人類文化中。無論是科學家或普羅大眾,牠們的螺旋都是古生物學的一個永恆象徵。

菊石的殼是由多個腔室所構成,腔室的大小由螺旋中心向外愈形增加。大部分的腔室是空的,動物本身只占據殼口處的最大腔室。其餘腔室可能充滿可以調整的氣體,幫助動物在水層中漂浮。菊石柔軟的身體有多達十個腕、消化器官,可能還有一個墨囊和鰓。許多菊石類動物的嘴裡有硬顎,稱為齒板,藉此粉碎浮游生物或較大的獵物。

各種菊石殼。可看出其多變的造型,以及有時鬆開的螺環。

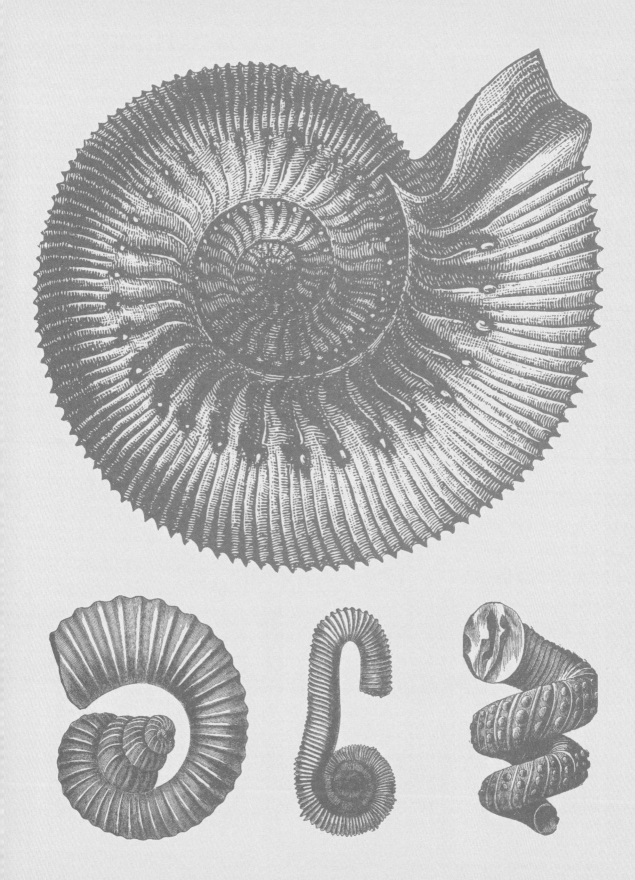

儘管我們總是將菊石與牠們標誌性的螺旋形狀連結在一起，但也有一些物種具有非常不同的外殼結構。這些不規則螺旋狀的菊石統稱為異形菊石。舉例來說，船菊石（*Scaphites*）的形狀像是數字「9」，桿菊石（*Baculites*）幾乎完全是直的，狀似長弓。外型奇特的日本菊石（*Nipponites*）看起來則像是一堆廢棄的繩子，向各個方向生長。

菊石區

菊石在地球歷史中存在很長的一段時間。藉由殼形與殼腔之間的縫合線，成千上萬的物種可以相當容易辨識出來。物種往往在很短的時間內演化出現、然後滅絕，有些物種只存在了二十萬年。這一點，加上在全球海洋廣泛分布，讓它們成為理想的指標化石。

地質學家已經建立起數百個可以用來連結岩層年代的菊石「區」。一八五〇年代，德國地質學家弗里德里希·昆斯特德（Friedrich Quenstedt, 1809-89）與阿爾伯特·奧佩爾（Albert Oppel, 1831–65），以他們在法國與瑞士侏羅山脈的研究為基礎，首創這種瞭解岩石地層學（岩石的研究與分類）的方法。多虧這個方法，人們得以比對相隔距離遙遠的岩石，利用其中保存的物種，計算出岩石的年代，以及地質年代深處的環境脈絡。

羊角號

菊石的分布非常廣泛，其化石有著豐富的文化遺產，幾千年來被世界各地的人們認可並收藏。其英文名稱 ammonite 來自埃及的阿蒙神，祂頭上的公羊角與這種軟體動物化石的形狀相似。在中國，菊石也被比作公羊角，而在中國民間傳說中，牠們代表一種被變成石頭的不知名動物。至少從中石器時代開始，菊石已經是人類文化信仰與實踐的一部分。在英格蘭巴斯附近的一個新石器時代長型墓穴中，有一個菊石嵌在墓碑上。古代梵文文獻也有記載，認為菊石是某種蠕蟲留下的痕跡。在印度教傳統中，牠們被認為是珍貴的，因為形狀與毘濕奴神手中的法輪類似。

除了鼓舞人心的起源故事，這些化石也用於醫藥和儀式。古希

臘人認為菊石能治療失明與不孕，還能保護人們不被蛇咬，而古羅馬人則將菊石放在枕頭下，認為這樣能做預言夢。在中世紀的歐洲，菊石被認為是被聖人變成石頭的蛇殘骸。這些「蛇石」是用於治療農場動物的護身符，或是拿來治療咬傷或螫傷等輕微的病痛。在北美洲，黑腳族原住民將菊石稱為「水牛石」，用於狩獵儀式。大平原原住民與納瓦荷族稱之為「瓦尼松加」（wanisunga），指「種子中的生命、殼裡的種子」。

棘螈 — 陸地上的第一批脊椎動物

在泥盆紀末期,第一批脊椎動物冒險登陸。在潮濕赤道地區雜草叢生的水道中,肉鰭魚演化分支的成員從沼澤世界走了出來。棘螈就是其中一個先鋒,牠是狀似蠑螈的動物,生活在目前的格陵蘭島。儘管還不是完全的陸地生物,牠的身體已經為演化提供了基本框架,適應離水生活的許多挑戰。

棘螈(*Acanthostega*)這類動物是所有陸生脊椎動物的諸多祖先之一。這種早期的四足動物生活在泥盆紀晚期,距今約三億六千五百萬年,其化石出土於格陵蘭島。牠生活在淺水沼澤中,有鰓也有肺,體長約半公尺多一點(二十英寸),有寬扁的頭部與四肢,長長的槳狀尾非常適合在水中活動。棘螈的外觀狀似現今生活在美國東部、中國與日本的大鯢,但牠不是兩棲動物——儘管牠是兩棲動物的祖先,也是爬蟲類和哺乳類的祖先。這種動物與地球上所有陸生四足動物的祖先有著親緣關係。

棘螈看起來已經準備好要走出水面,進入生命演化的下一個篇章,但我們從棘螈的肩骨形狀知道,牠不可能真正在陸地上行走。儘管如此,其肢體結構已經就位,可供後來的四足動物繼續發展。現在有許多像棘螈這樣的動物出現在化石紀錄中,特別是在加拿大的北極地區與格陵蘭島,這些地方都曾經位於赤道附近。這個群體稱為早期四足動物(或基幹四足動物)。這些動物包括更像魚類的潘氏魚(*Panderichthys*)與提塔利克魚(*Tiktaalik*),四肢比較不發達,是從肉鰭魚演化而來的;肉鰭魚在泥盆紀非常多,現在卻只剩下肺魚和腔棘魚為代表。棘螈是最早擁有發育完全的骨盆的早期四足動物,這讓牠的後腿更有力。這項變化讓後來的四足動物有可能完全離開水面。

棘螈(下)與魚石螈(*Ichthyostega*,上)是最早在陸地上行走的四足動物。

先划後走

最早的四足動物不大可能在陸地上行走——牠們大多是水生動物。儘管有種誤解,認為腿的演化是為了「讓」動物行走,但這種措辭卻將演化進程顛倒了。主要的演化適應(例如那些使得在陸

地上行走成為可能的適應）通常來自一連串受到其他因素，如捕食或環境變化等所驅策的結構適應。這類修改並不是為了達到一個目的，而是對外界刺激做出的反應。

早期四足動物的四肢，可能是肉鰭魚利用鰭在水下活動時演變而來的。隨著肉鰭魚愈來愈常用魚鰭在雜草叢生的湖泊中前進，這些魚鰭可能愈長愈大，骨骼也愈形發展。棘螈之類的動物沒有腕，四肢從身體側面向外伸出，看來就像個正在下墜的跳傘運動員。這也就意謂，牠們的腳沒法伸到身體下面去支撐身體的重量，但可以爬過水草的糾纏。許多早期四足動物也試驗了不同的手指與腳趾數目。棘螈有八隻手指與腳趾，但是到後來，五指成為四足動物身體構造的既定數字。這可能是既能支撐重量又能讓手腕與腳踝自由活動的最佳數字。

然而有證據顯示，這些大多數水生的早期四足動物，已經開始會花點時間待在水面之外。牠們的牙齒與其他魚類不同，頭骨的結構意謂牠們能啃咬，而不是用吸力或其他類型的進食方式。這也代表牠們可能會把頭伸出水面抓攫，吃水邊的獵物，如節肢動物。棘螈的骨盆也和部分的脊椎融合在一起，讓牠更加穩定，在水面上短暫突襲時，或許能承受一些重量。

伸出你的脖子

雖然人們在談論早期四足動物往陸地的過渡時，關注的往往是牠們的四肢，但肺與頸部的發展也同樣重要，甚至更加重要。早期的肺，可能是因應動物生活的淺水池會有週期性低氧而發育出來的。而肺部的演化出現，正意謂早期的四足動物可以利用大氣含氧量為水含氧量三十倍的優勢。棘螈之類的動物使用一種風箱系統來呼吸，將空氣吸入寬大的嘴裡，藉由將口腔底部抬起與下推的動作，將空氣推進肺部。

後來，四足動物演化出新的呼吸方式，開始用胸部肌肉讓肺部膨脹與收縮，這個系統稱為胸式呼吸。由於不需要再用頭部輔助呼吸，頭部的形狀變得更窄。這些動物發展出最早的頸部，將頭骨與

身體的其他部位進一步分開。這代表牠們的部分頭骨與頜部肌肉可以重新調整用來進食，讓四足動物的咬合更有力道也更準確。這是個重要的發展，因為它開發了新的進食方法，永遠改變了牠們的身體結構。四足動物終於能從水邊更進一步，繼續適應並成為陸地生態系不可或缺的組成分子。陸地生命就此改變。

石炭紀

石炭紀炎熱狂放的世界始於三億五千九百萬年前，持續了六千萬年。儘管年代久遠，它對人類來說仍是最重要的一個時期，無論從人類的演化史或是從推動工業發展的角度來看，都是如此。這個時期見證了廣闊沼澤森林的興起，覆蓋著一個由巨大昆蟲主宰的溫室星球。然而，劇烈的氣候變化很快就重新改寫了地球的面貌，為我們最早的四足祖先鋪路，也在陸地上創造出愈形複雜的食物網。

在石炭紀，我們的大陸第一次呈現出一個令人熟悉、色彩斑斕的樣貌。閃閃發光的泛大洋，以地球的絕大面積呈現一顆藍色彈珠，陸地上則是翠綠的森林。在這整個時期，冰川在南極形成了一個白色的冰蓋，覆蓋著下頭大部分的岡瓦納大陸。北極與陸塊的末端可能也形成了一些冰，這些陸塊繼續向北漂移。現在的西伯利亞與哈薩克位於緯度最北處，歐美大陸與後來成為中國的零碎陸塊位於它們下方，靠近赤道。世界的這些碎片在整個石炭紀期間不斷碰撞，形成一個布滿新山脈的新陸塊。到了石炭紀末期，盤古大陸這個超大陸幾乎已經完全成形。

在石炭紀的大部分時間，地球主要是溫暖且蒼翠的。原始的沼澤森林覆蓋了大部分的陸地景觀，帶來昆蟲成群、綠意盎然的陸地生態系。地球有史以來最高的大氣氧含量（三五％，現在為二一％）讓這些昆蟲長成龐然大物，其中包括地球有史以來最巨大的節肢動物。馬陸長得比汽車還長，蜻蜓和海鷗差不多大。最早的四足動物也在沼澤森林中繁衍生息。有一些可能在樹幹裡尋找遮蔽或捕食昆蟲獵物，其化石因而和樹幹一起被保存下來。

海洋生物繼續繁榮發展，漫游的菊石與無數魚類挑揀著多樣化的珊瑚礁生態系。自寒武紀以來的海洋中堅分子三葉蟲，變得愈來愈少。狀似軟體動物、現今已經少見的有殼腕足類，在古生代很豐富多樣，與牠們一起生活的，還有巨型海蠍與甲殼類動物——包括螃蟹的祖先。隨著盾皮魚類的衰退，鯊魚游進牠們空下的生態區位。其中，有力大足以碎殼的專食性動物，也有長著圓形剃刀狀牙齒的物種。我們尚且無法完全瞭解這些動物的構造，例如胸脊鯊（*Stethacanthus*）有一個從背部伸出的扁平圓盤，看來就像布滿尖刺的熨衣板，這個構造的目的目前尚不清楚。這個世界變得愈來愈熟悉，卻依然是一個陌生的異域。

羅默空缺

多年來，石炭紀初期的化石紀錄有一個明顯的空缺。這個空缺是由古生物學家阿爾弗雷德・舍伍德・羅默（Alfred Sherwood Romer, 1894-1973）確認下來的，後來以他的名字命名。在這一千五百萬年的期間，全球範圍出土的化石極少，但顯然標示著四足動物演化的一個重要時刻。在這個空缺之前，早期四足動物如棘螈幾乎離不開水，之後牠們卻能舒適地適應陸地生活。如果沒有中間時期的化石，很難瞭解這種過渡是怎麼發生的。

多年來，人們試圖確定羅默空缺的成因，以為環境條件可能阻礙了化石的形成，或是導致生態系崩潰。然而最近的研究顯示，化石缺乏的情形更多是來自人類工業而非古代世界。很有可能的是，人們對最早的石炭紀岩層化石的探勘並沒有那麼徹底，因為那裡沒有煤層或其他工業資源，無法引起地質學家的興趣。隨著更多的取樣工作展開，實際狀況似乎沒有像先前所認為的，在生命形式中有明顯的空缺。目前陸續出土的新化石發現，正在填補演化史的這個部分。

黑金

世界上最大的煤炭礦藏可追溯到石炭紀，這個時期的名稱也由此而來。隨著早期森林的生長，它們吸收了大氣層中的碳，將碳緊緊鎖在組織之中。當這些植物死亡時，便形成厚重的腐爛植物層，成為後來遍布在地球岩層的煤炭礦藏。但是，災難襲擊了這些早期森林生態系：大約在石炭紀過了三分之二的時候，氣候變冷變乾，摧毀在濕熱沼澤蓬勃發展的物種。沼澤森林大規模地消失，稱為「石炭紀雨林崩潰事件」。

煤炭是由死亡的植物所形成，這些植物先被分解成泥炭，然後被埋在沉積物中。經過了數百萬年，這些埋藏產生高熱高壓，造成水分、二氧化碳與甲烷的流失，留下高比例的碳。隨著這個過程持續進行，植物材料從泥炭被轉化成褐煤，然後變成煙煤，最後形成無煙煤或黑煤。煤精（或稱黑玉）是一種在世界各地都有發現的黑色寶石，是一種褐煤，數千年來一直是雕刻珠寶與裝飾品的珍貴材料。

當我們燃燒化石燃料，便放出長期被地球困住的碳，將它釋放到大氣層中，造成破壞。維持我們世界形成的生命，現在已經成為人類引起氣候變化的源頭，預示著地球演化的不確定未來。

鱗木 — 最早的森林

茂盛的沼澤森林是石炭紀的標誌。除了提供厚厚的煤層、供應人類工業化所需的動力，它們有時也被保存為「化石森林」；在這些地方，幽靈般的樹幹依然佇立原地，彷彿最近才被砍伐。然而，外表會騙人——這些「樹」其實是現今矮小的林下植被居民的巨大親戚。在第一批陸生生物熙熙攘攘的世界裡，這些古老的親戚提供了新的棲息地。隨著地球氣候的變化，它們被更乾燥的林地所取代，永遠留在森林的陰影中。

地球上最早的森林出現在泥盆紀，但是到了三億五千萬年前，它們已經蔓延出去，覆蓋石炭紀這個溫暖且富含氧氣的世界。這些樹木與我們今天熟知的樹木並不同。它們主要是石松門植物的巨大親戚，石松門植物至今仍然存在，包括水韭與石松等，但其高度大多低於二十公分（八英寸）。這些老祖先植物也通稱為鱗木（*Lepidodendron*），其中包括鱗木與封印木（*Sigillaria*）。它們的高度超過三十公尺（九十八英尺），矗立在由木賊、蕨類與苔蘚構成的茂密下層植被之上。世界各地都有它們的化石，代表著沼澤森林曾經橫跨古代大陸、覆蓋全球地表的時代。

雖然外觀與樹相似，鱗木的生長方式卻相當不同。因著石炭紀早期的熱帶氣候，它可以迅速達到成熟。一般咸認，鱗木在繁殖與死亡之前，可能只活了十五年左右。它的樹幹在完全長成後，直徑可達兩公尺（七英尺），上面長滿類似松針的針狀葉。這些葉子會隨著它的成長而脫落，留下有如拔了毛的雞皮的疙瘩紋路。樹幹長且直，樹冠以下無枝，樹冠上有剩餘的葉子與毬果狀孢子囊。

在石炭紀的前半段，古老的石松類植物如鱗木覆蓋陸地世界的很大一部分，跨越了一百二十度的緯度區。它們的統治並沒有持續下去；隨著該時期後半段的氣候變化，陸地變乾，不再適合它們生長。鱗木後來仍然存在於世界上某些地方，但再也不是森林中的主要生物了。鱗木最終在三疊紀末期滅絕，只留下矮小的表親。

鱗木在世界各地形成了巨大的沼澤森林。它們與水韭和石松有親緣關係。

名稱很多

古植物學家（研究植物化石的科學家）為標本命名的方式，與其他滅絕物種群體相當不同。大多數生物的命名採二名法，有一個屬名與一個種名，為該生物所特有，但是已滅絕植物卻有許多不同的名稱。這是因為植物化石經常以碎片的形式出土，因此已滅絕植物的不同部分被分別命名。這些化石就像散落的拼圖，往往在幾年或幾十年後才終於被拼湊起來，展現完整的樣貌。鱗木也有好幾個名稱。其中最常見的是根座（Stigmaria），指鱗木的地下根系結構。同樣可能歸屬於鱗木的其他名稱還有周皮相（Bergeria）、內模相（Knorria）與中皮相（Aspidiaria）等。

化石森林

在十九世紀歐洲與其他地區的自然史收藏與藝術作品中，鱗木與其他石炭紀植物化石非常受歡迎。由於其樹皮的圖案，它們經常出現在遊樂場與業餘展覽中，當作古老的蜥蜴或蛇皮化石展示。然而，大多數科學家認為它們屬於一種已經滅絕的植物，同時也是煤炭的來源。為了尋找工業化用煤，數量比以往都來得多的植物化石陸續出土，描繪出一個擁有豐富植物的古代世界。

最令人驚嘆也最珍貴的植物化石，有一部分是由許多樹木所構成、在原地直立保存的化石，看起來就像一小片被砍伐的森林。比如說，蘇格蘭格拉斯哥與法國聖埃蒂安的化石林，展示了鱗木樹幹底部與根系的填充模型，幫助古生物學家瞭解快速掩埋的化石化過程，以及這些在深度時間裡維持數百萬年、保存在 3D 空間的化石與模鑄化石是如何產生的。這些化石也讓古生物學家瞭解到，當時的氣候必定非常不同，才能支持這樣的生態系統。這種煤田化石是地質學研究中非常重要的一課，也形塑我們對地球不斷變化的樣貌的理解。

雨林崩潰

在石炭紀後半段，植物相發生一次徹底的轉換。鱗木森林生長在石炭紀早期溫暖潮濕的環境中，但是到了三億五百萬年前，氣候開始變得乾燥，導致沼澤森林的破碎化，最後造成世界大部分地區沼澤森林的崩潰。只有少數生物庇護所留存下來。取代沼澤的新棲息地，包括以樹蕨及裸子植物為主的森林。後者涵括我們今日所知的群體，如針葉樹、蘇鐵與銀杏的親屬與祖先。雖然廣泛存在，這些與後來演化出現的許多樹種，很少像石炭紀的鱗木林那樣，在相同的深度與厚度以煤的形式保存下來。

為什麼沼澤森林的保存狀況與後來的棲息地如此不同？石炭紀鱗木類植物如鱗木，其樹皮與木材的比例遠高於現代的樹木群體。這種樹皮不僅能支撐植物，同時也提供保護，讓它免於昆蟲破壞與森林火災的影響，當時因為大氣中氧氣含量高，森林火災經常發生。有一個理論認為，由於這種厚樹皮由高達六○％的不可溶木質素構成，其他生物很難將之破壞分解。這也就是說，數百萬年來，壽命並不長的鱗木與其他植物在死後不會很快腐爛，因此樹幹堆積起來，形成厚厚的有機物層，再變成為人類工業革命提供動力的厚煤層。然而，近期研究顯示，煤層的形成實際上與森林本身會防止腐爛的恆濕熱帶氣候條件有關。無論如何，在石炭紀末期，環境條件改變，而煤的形成從那時起也就減少了。

當石炭紀過渡到二疊紀，氣候進一步乾燥，廣闊的雨林生態系就此終結。隨著盤古超大陸的合併，內陸棲息地變得乾旱，沙漠很快就吞噬了大片大片的地貌。

巨脈蜻蜓 — 最早飛上天空的巨型昆蟲

石炭紀的世界充斥著巨型節肢動物。由於大氣含氧量高，昆蟲與其他無脊椎動物可以達到巨大的體型，許多比狗還大。除了體型長得很大，牠們也是第一批飛上天空的動物。巨脈蜻蜓結合了這兩個令人印象深刻的特徵，是一種巨大的蜻蜓親戚，翼展可與你的手臂一樣長。牠飛翔在一片滿是多腳巨獸的土地上。

巨脈蜻蜓（*Meganeura*）是一種狀似蜻蜓的巨大昆蟲，生活在大約三億年前的石炭紀。牠不是現代蜻蜓（蜻蜓目）的直接祖先，卻也是一個近親，而且外觀非常相似，有著雪茄形的長身體、兩組翼展達七十公分（二十八英寸）的翅膀與大眼睛。牠們跟現代蜻蜓一樣是獵手，以昆蟲和其他無脊椎動物為食。目前地球上約有六千種蜻蜓和豆娘（與蜻蜓親緣關係最近的動物）。牠們的前半輩子是沒有翅膀的淡水若蟲，然後在春天與夏天蛻變，從池塘邊緣起飛。

在石炭紀，巨型節肢動物不只在天空中活動。在地面上，同樣令人印象深刻的無脊椎動物，也在林下植物之間出沒。有一類稱為節胸馬陸（*Arthropleura*）的多足類動物（包括馬陸與蜈蚣的群體），是有史以來最大的陸生無脊椎動物，體長可達二‧五公尺（八英尺）。牠的身體由大約三十個體節構成，至少有四十隻腳，會在林下植物之間蜿蜒前進，以植物和腐爛物為食。這種動物的足跡化石（稱為雙趾跡）已經在許多地方被發現，但最著名的是在蘇格蘭與加拿大新斯科細亞省。

雖然巨脈蜻蜓與節胸馬陸是其同類中體型最大的，但是在石炭紀仍有許多小型物種與牠們一起生活。到了石炭紀末期，蜉蝣、蜻蜓與蟑螂的最早期祖先正蓬勃發展，此外還有在牠們之前出現的蜘蛛和馬陸。這些都為不斷增加的四足動物（所有陸生脊椎動物的祖先）提供了豐富的食物來源；當時的四足動物正在分支成新的群體，並大肆利用這些營養豐富的食物來源。

現在最大的昆蟲是泰坦大天牛（*Titanus giganteus*），體長可以達到成年人手掌的長度。雖然目前地球上有一些大型昆蟲物種，但

巨脈蜻蜓是蜻蜓的古老親戚，可以長到像鷹一樣大。

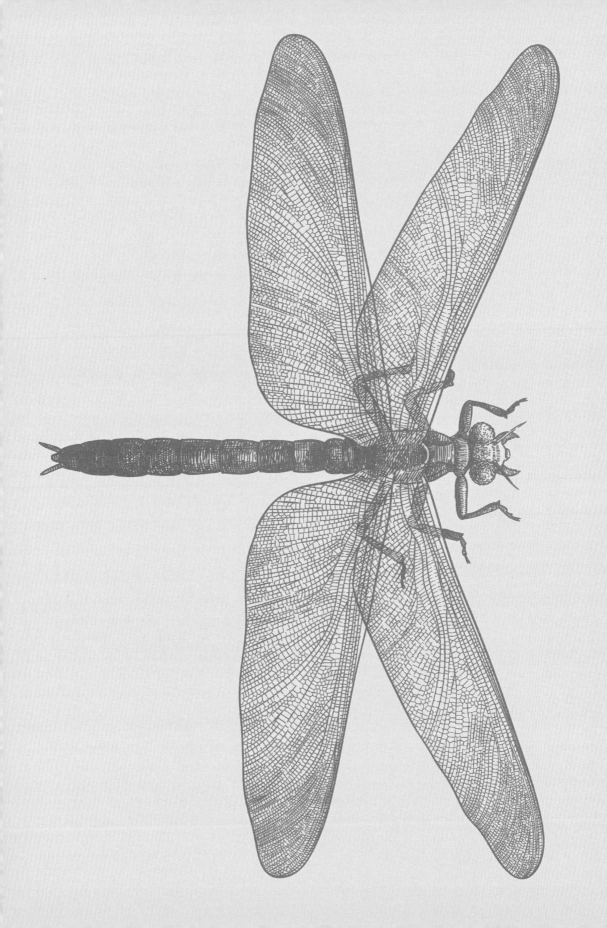

相形於現存的數百萬昆蟲物種，牠們只是少數。按人類的標準，大多數節肢動物都非常小，有些甚至很迷你。昆蟲和其他節肢動物無法經常達到較大體型的主要原因之一，在於牠們無法從大氣中吸收足夠的氧氣。

昆蟲有許多不同的身體結構，但是牠們並沒有肺。空氣經過位於胸部或腹部的氣門，進入牠們的身體。有關於氣門，最早的證據出現在呼氣蟲（見 78 頁），是一種生活在志留紀或泥盆紀、狀似馬陸的動物。空氣進入氣門，通過一個稱為氣管的管道系統，循環到內部器官與組織。隨著昆蟲愈長愈大，這些氣門與氣管的氣體交換效率愈來愈低，使得昆蟲體重的自然上限停留在一百公克（三・五盎司）左右。在體型較大的昆蟲中，氣管變得更大更多，增加身體變乾、最終導致死亡的風險。

然而在石炭紀，規則是不同的，因為大氣的含氧量比現在高出一四％，提高了體型上限，昆蟲與其他無脊椎動物可以長到非常大。一般認為昆蟲在空中不會遭遇掠食者，作為當時唯一的飛行生物，巨脈蜻蜓這類生物可以成為具有飛行能力的頂級獵手，而這樣的情況一直持續到二疊紀。

率先升空

下次你打胡蜂或蚊子時可以想一下，什麼樣的驚人自然工程，才讓牠們在我們的天空中嗡嗡作響。昆蟲是唯一演化出動力飛行的無脊椎動物。牠們在石炭紀達到這個里程碑，比脊椎動物以翼龍的形態跟進早了一億多年，而鳥翼類恐龍（鳥類）與哺乳動物（蝙蝠）升空，又是更後來的事情。

目前還不清楚動物的飛行能力最初是如何演化出來的，因為至今尚未有化石足以說明這個故事的開端。昆蟲化石在地球煤層中處處可見，但是在石炭紀，主要出現在該時期的後半段。這些化石清楚顯示，飛行能力在那個時候已經出現了，表示其起源可能更早。翅膀很有可能是從昆蟲身體原有的部分發展出來。有一種假說主張，翅膀是從背板側葉改造而來，而側葉結構原本是昆蟲從高處落

到地面，譬如要躲避掠食者時，當作「降落傘」使用。另一個假說是，翅膀演化自肢節。幸運的話，未來出自早期石炭紀的化石發現，可能會解開這個重要的演化之謎，揭露這些無畏的無脊椎動物究竟是如何飛上天空。

飛馳的珠寶

蜻蜓在人類文化歷史上扮演豐富的角色。牠們的生命週期、寶石般的絢麗色彩、架構精美的翅膀紋路與狩獵時的超自然速度，數千年來牢牢鞏固著牠們在神話與藝術中的地位。在四千多年前美索不達米亞的《吉爾伽美什史詩》中，水中仙女到飛翔蜻蜓的轉變，代表著不朽的不可能。蜻蜓的速度對一些美洲原住民而言，象徵著勤勉，經常出現在霍皮族、達科塔族與培布羅族製作的陶器、岩畫與項鍊上。

在日本，蜻蜓為許多俳句與藝術作品帶來靈感，該國最古老的文本之一將日本稱為「秋津洲」，有時解釋為「蜻蜓島」。讓牠們在藝術上如此受歡迎的顏色與翅膀紋路，也用來區分不同的蜻蜓種類。然而，蜻蜓在歐洲民間傳說的形象就沒有那麼正面，把蜻蜓描述為有害的，有時甚至是邪惡的。

波爾蛸 — 最早的章魚

幾千年來,在人類的神話中,多臂怪物從海洋深處出現,造成嚴重的破壞。然而,章魚與魷魚的起源比這些神話更古老,可以追溯到三億多年前的石炭紀。波爾蛸是一種拇指大小的頭足類動物,生活在北美洲的內海海岸。從這個微小的祖先開始,章魚演化出絕佳的偽裝與解決問題的能力,運用墨汁的冒險逃逸行為,讓牠們被視為地球上最聰明的無脊椎動物。

波爾蛸(*Pohlsepia*)比你的大拇指指節還小。牠有一個圓餃狀的身體與十條腕——其中兩條比較短。被認為是墨囊的剩餘部分,看起來就是化石中心的一個污點。雖然不是什麼可怕的深海居民,這個不起眼的小型無脊椎動物是地球上已知最古老的章魚。三億七百萬年前,這種動物生活在覆蓋北美部分地區一個大型內海的近岸淺水中。

章魚與魷魚屬於軟體動物中的頭足類。其他頭足類還包括墨魚與鸚鵡螺,以及已經滅絕的菊石和箭石。頭足類最早出現於寒武紀,但是波爾蛸不起眼的殘骸顯示,章魚與魷魚是在將近兩億年之後才出現的。雖然波爾蛸不是真正的章魚,牠肯定與章魚有親緣關係。沒有殼是很重要的特徵,因為這證實波爾蛸不屬於與牠共享海洋家園的眾多有殼頭足類。章魚與魷魚都有八條腕,但只有魷魚在嘴邊有兩個觸腕(末端有吸盤)。波爾蛸兩隻觸腕狀附肢的存在顯示,魷魚與章魚的共同祖先有八條腕與兩條觸腕,而觸腕後來在章魚的演化支系中消失了。

章魚在頭足類動物中非常獨特,因為特別軟,很少能以化石的形式保存下來。牠們有喙,或稱齒舌(所有軟體動物都有個硬質口器),卻沒有墨魚與魷魚的墨魚骨。在波爾蛸被發現之前,最古老的章魚化石來自侏羅紀。波爾蛸的發現將牠們的起源往前推了一億四千萬年,證實這些獨特的動物已經在我們的世界存在非常長的時間。牠們現在棲息在我們海洋的每一個部分,從珊瑚礁到黑暗深淵都有牠們的蹤跡。章魚大多為掠食性動物,在用強大的腕與齒

現在的魷魚(左上與中)與章魚(右上與下),都是三億多年前波爾蛸之類動物的後代。

舌撕扯獵物之前，會給獵物注射麻痺性的唾液。

不可思議的腕

章魚是了不起的動物。牠們的體型可以從小魚般大小到利維坦般的龐然大物，比如體長比家庭房車還長的北太平洋巨型章魚（*Enteroctopus*）。牠們的姐妹——魷魚，則可以長到家庭房車的兩倍多。章魚的皮膚上有許多能讓牠改變體色、進行偽裝與溝通的細胞。牠們有一個複雜、分布式的神經系統，可以整合身體觸覺收集到的大量資訊。牠們肌肉發達的身體上布滿了圓形、縱向與橫向的肌肉，不僅讓牠們無限地扭轉身體，也結合了圓形吸盤，讓牠們緊緊抓住物體表面與獵物，以及操控物體。

章魚的吸盤上有化學受器，這意味牠們可以品嚐到牠們所觸碰的一切。牠們有絕佳的視力，尤其擅長偵測活動。大多數章魚都有一個裝滿黑色素（一種天然色素）的墨囊，噴出的墨汁可將海水染黑以迷惑敵人，讓牠們在黑暗的掩護下逃離危險。

章魚腦部與身體的比例是所有無脊椎動物中最高的，接近最聰明的哺乳動物與鳥類，是已知會使用工具的少數無脊椎動物之一，譬如能把廢棄的椰子殼堆在一起做成庇護所。在水族館裡，章魚是逃生專家。牠們的技能甚至被用來預測體育賽事的結果。一隻名叫保羅的德國章魚，曾以八六％的成功率預測了歐洲國家盃足球比賽的結果——不過想當然耳，有些人指控水族館飼養員用作弊的方式製造出高成功率。

儘管對智力沒有明確的定義，但章魚的逃逸行為顯示牠具有其他生命形式無法比擬的聰明才智。一些科學家認為牠們有意識、有情感，儘管牠們的意識與情感形式與人類完全不同，以至於難以識別。牠們可以感受痛苦的可能性引起歐洲法律的變革，給予經常用於醫學實驗的章魚、魷魚與墨魚額外的保護。這讓牠們成為唯一以這種方式立法、承認其獨特地位的無脊椎動物。

海妖覺醒

作為食物、敵人與幻想題材的章魚與魷魚，對人類文化有著極其重要的意義。牠們出現在世界各國的菜單上，但牠們與海洋的關係並不僅限於烹飪。牠們感官性十足的觸腕既象徵情色，也代表邪惡的危險。事實上，大多數章魚對人類是無害的。儘管如此，遠洋航行的危險往往被這些具有許多觸腕的動物擬人化，以怪物將水手拖入海底的形式表現。

日本北部島嶼的原住民阿伊努人尊崇章魚與魷魚，奉之為「阿科羅卡姆伊」（Akkorokamui），代表無可避免的自然力量，可以隨興所至造成傷害或治癒。章魚也在一些太平洋島民的創世神話中扮演核心角色。在歐洲地中海沿岸，自青銅時代就有關於章魚的描述；再往北，牠們以克拉肯海妖的造型出現在斯堪地那維亞半島的傳說中。在十九世紀的法國文學經典中，章魚的攻擊用來比喻工業革命與科學進步造成的侵蝕損害。有著許多「觸手」的章魚造型具備伸展、扭曲、抓取與穿透的能力，早已成了恐怖的視覺表現。

長遠看來，章魚與魷魚可能比人類更具有優勢，不僅存在了三億多年，而且牠們的生命週期、智慧與適應力，有可能讓牠們成為當前氣候危機的倖存者。在一些地區，有些章魚與魷魚正在蓬勃發展。由於過度捕撈與環境破壞，競爭者被移除，章魚與魷魚可以取得更多食物。快速繁殖的能力，也讓牠們在困難的環境條件中維持族群數量。儘管大多數章魚的壽命只有幾年，雌章魚每次可以產下多達七萬個卵，而且會保護這些卵，直到孵化為止。有些研究顯示，氣溫上升甚至加速了牠們的生命週期，即使牠們對氣候變化的反應還不是很清楚。最終，當人類滅絕後，牠們的後代可能會繼續存在，成為地球上最聰明的一類動物。

林蜥 — 產卵的四足動物

四足動物最早的祖先在石炭紀迅速演化。從石炭紀初期的祖先開始,牠們分成三個主要的演化分支:兩棲類、爬蟲類與哺乳類的祖先。當氣候變化讓牠們的雨林世界變乾燥了,其中一些四足動物以重要的創新來適應:羊膜卵。這讓牠們在不斷變化的大陸的乾燥地貌中繁衍生息,以驚人的威風姿態占領古生代的末期。

如果你在石炭紀窺視一株鱗木的中空樹幹,可能會在裡面發現你最古老的親戚之一。大約三億一千萬年前,最早登陸冒險的肉鰭魚已經演化成完全的陸生動物。其中有哺乳類與爬蟲類演化分支的最古老成員,牠們的化石就藏身在地球的古老森林中。

林蜥(*Hylonomus*)是一種類似蜥蜴的動物,比你的手掌長不了多少。牠生活在現在的加拿大新斯科細亞省,是爬蟲類演化分支中最無可爭議的古老成員。牠具有向外伸展的四肢、長長的尾巴與滿嘴的圓錐形尖牙。這只是當時在森林裡活動的許多四足動物中的一種,以高含氧量大氣中的大量昆蟲為食物。與牠同時出現的還有哺乳類的第一批成員,即合弓綱動物,例如始祖單弓獸。爬蟲類與合弓類擁有共同的祖先,因而外表相似,卻是兩個完全不同的群體;研究人員從骨骼結構就能加以區分。跟這些爬蟲類和哺乳類的祖先生活在一起的,還有其他類型的早期四足動物,如兩棲類的祖先,以及後來滅絕的群體。

隨著地球氣候變化開始在石炭紀後半段改變地貌,爬蟲類與哺乳類的祖先比牠們的表親多了一個主要的生存優勢。與其他群體不同的是,林蜥與始祖單弓獸是羊膜動物,牠們產的卵是有殼的。這個保護層與它包含的膜意謂著,即使這些動物的潮濕棲息地乾燥、冷卻或縮小到大陸的邊緣,牠們仍舊可以繁殖。很快地,羊膜動物大量繁殖,為四足脊椎動物衍生出另一種多樣性。

林蜥是最早的羊膜動物,
牠們產的卵有保護殼。

**兩棲類、爬蟲類
與哺乳類**

————————

世人普遍誤解，以為兩棲類先出現，爬蟲類是從兩棲類演化而來，而哺乳類是由爬蟲類演化而來。這並不正確。隨著更多化石出土，我們對動物之間的關係有了更深入的認識。我們現在知道，儘管這三個主要演化分支有共同的祖先，卻是完全獨立的。

在石炭紀早期，最早的四足動物是無羊膜動物：牠們進行體外受精，在水中產卵，就如現今的魚類與兩棲類。由於無羊膜動物在水中產卵，必須在比較潮濕的棲息地發展，阻礙了牠們向較乾燥地區的繁殖傳播。

在石炭紀的後半段，爬蟲類與哺乳類的共同祖先出現了，是最早的羊膜動物，卵在雌性體內受精，產下的卵也更形複雜，被包裹在一個革質殼或硬殼中。在我們現代人的眼裡，最早的羊膜動物外觀狀似現今的小型爬蟲類，但這種相似性只存在於表面。這些古老生物是爬蟲類與哺乳類的遠祖。到了石炭紀末期，林蜥與始祖單弓獸的化石告訴我們，羊膜動物已經分裂成兩個主要的分支：爬蟲類（包括鳥類）的祖先與哺乳類的祖先。

雖然我們喜歡簡化生命的故事，但事實上，地球早期森林中爬滿了許多奇特奇妙的四足動物。由於化石紀錄稀少且難以詮釋，要弄清楚牠們與現代動物的關係，著實是相當的挑戰。

**先有蛋，
後有雞**

————————

無羊膜動物與羊膜動物的分裂，是脊椎動物大家族最基本的畫分。這對陸生脊椎動物產生巨大的影響，隨著世界不可預測地變化、升溫或降溫，在地質年代中塑造著牠們的演化與成功。

現今最常見的陸生無羊膜動物是兩棲類。牠們的卵通常以一束束果凍狀的形式，產在池塘或溪流中。正在發育的胚胎直接與周圍的水交換氧氣與廢物。一些物種已經發展出不同的策略，來因應低水位環境，包括利用花朵中的積水，甚至在口中孵卵。然而，大多數物種仍然倚靠水來繁殖。

對羊膜動物來說，包裹胚胎的外殼提供牠自己的攜帶式「池塘」。殼裡有一層膜，讓發育中的幼體包覆在羊水中，還有一個為

胚胎提供養分的卵黃囊，以及一個處理廢物的構造。這種全新的卵，將羊膜動物從池塘與溪流中解放出來，讓牠們深入內陸，前往新棲地繁衍。在石炭紀後期，隨著氣候愈形乾燥，羊膜可能給這個群體帶來優勢，因為牠們的卵受到保護，不會脫水變乾，也能被埋在地下，在適宜的溫度進行孵化。隨著時間推移，有些羊膜動物（包括海洋爬蟲類與哺乳類）完全放棄了體外孵化，直接產下活的幼體。

二疊紀

二疊紀是古生代史詩中一個不同尋常的高潮。始於兩億九千九百萬年前的二疊紀,是一個氣候劇烈變動與極端環境的善變世界。陸地板塊終於彼此碰撞,形成盤古大陸,這個超大陸的邊緣是季風森林,中心則為炙熱的沙漠。針葉樹演化出現,第一批大型的植食與肉食四足動物也出現了。然而,這個豐饒的生物世界並沒有持續下去。僅僅經過四千七百萬年,地球自己幾乎消滅了這一切,為二疊紀畫上殘酷的句點,對演化進程產生非常巨大的影響。

二疊紀是古生代的最後一個時期,從兩億九千九百萬年前,一直持續到兩億五千兩百萬年前。在這個時期,地球是一個極端的星球,一半是水,一半是陸地。泛大洋從不斷縮小的古特提斯洋東側邊緣橫跨地球,連綿不絕,直到新興超大陸(即盤古大陸)的西岸。

盤古大陸在石炭紀末期形成。在整個二疊紀,這裡的氣候與地貌都出現了新的極端。這個時期的全球氣溫變化很大,從二疊紀初期的一個冰河期末期開始,隨後經過一系列冷暖循環造成的升溫與乾燥。盤古大陸的海岸受到季風的襲擊,浸濕了閃耀著雨滴的針葉林與蘇鐵森林。隨著時間推移,超大陸的中心逐漸乾燥,形成大片的乾旱山地與沙漠。這些地方每天經歷著極高溫與極低溫,對生命的繁衍生息構成了挑戰。相較於需要大量水分的蕨類與石松,種子有種皮的樹木在這些新環境條件之中表現較佳。最後一片沼澤森林依附

在古特提斯洋邊緣的島嶼上,也就是現在的中國南部。許多現代植物群的祖先出現了,如針葉樹。一種叫舌羊齒的植物在南半球成為優勢植物,為地質學家留下有關過去大陸布局的關鍵證據。

儘管氣候愈形乾燥,二疊紀的世界仍舊充斥地球上最早的一些現代食物網。蟑螂的早期親戚大批出沒,最早的甲蟲與蟲類(鞘翅目與異翅亞目)出現。四足動物(尤其是哺乳類祖先)體型變大,有些更適應了以植物為食。第一批植食動物在這片土地上覓食,食用牠們的大型捕食者也隨之而來:體型似虎、長著劍齒的可怕動物。到了二疊紀末期,這些哺乳動物的祖先開始蓬勃發展。這個讓人倍感熟悉卻又陌生的陰陽星球,在史上最大、最具破壞性的大滅絕事件中戛然而止。這個大滅絕事件重啟了演化的進程,移除哺乳動物演化分支迄今在生態系中的主要角色,讓爬蟲類成為地球上新興的優勢脊椎動物。

超大陸旋廻

當地球上所有分散的主要陸塊匯聚在一起時，便形成了超大陸，好比地質上的橄欖球正集團。超大陸旋廻是由地球地函的對流作用所驅動（熱能藉由地球熔融內部進行轉移），造成大陸板塊重新排列。板塊可以像慢動作的車禍一樣相撞，推擠出山脈或下陷形成深溝。板塊也可以滑到彼此下方，沉入深處，融化在地函中。火山爆發經常發生在這些移動板塊的邊緣。

盤古大陸可能是塑造地球樣貌最著名的超大陸。它形成於石炭紀末期，一直持續到侏羅紀早期。但它並不是唯一的一個超大陸；在地球歷史上，陸塊漂移分離與重組的週期已經發生了很多次。對於從前形成的超大陸次數與命名，並非所有地質學家都有共識，但是超大陸的形成與解體在過去三十六億年間週期性地發生，至今已確認的超大陸多達十個。這些大陸的位置會影響氣流與海洋環流，改變全球的氣候。基於這個原因，它們的形成與隨後的分裂，總是對陸地和海洋的環境產生非常大的影響。

大死亡

毫不誇張地說，生命在二疊紀結束時的那場世界末日中幾乎終結。高達八五%

的物種都滅絕了，包括形成地球最早大型植食與肉食動物食物鏈的大部分四足動物主要群體。在一般能經受住多數大滅絕事件影響的昆蟲之中，有分類學上的目整個一起消失。這些滅絕不僅限於陸地：三葉蟲是海洋中最具代表性的損失，但由於海洋廣泛酸化，具有碳酸鈣外骨骼的物種尤其受到影響。

二疊紀末期大滅絕的主要原因是一連串大規模的火山爆發。在現在的西伯利亞，發生了稱為洪流玄武岩爆發的現象，熔岩吞沒一個相當於澳洲大小的地區。這些熔岩流形成所謂西伯利亞暗色岩的獨特景觀。火山爆發除了殺死它所接觸到的一切，還向大氣釋出大量火山灰、富含硫磺的氣體、甲烷與二氧化碳。這些氣體鎖住了熱能，產生發展迅猛的溫室效應，整個地球宛如烤箱。這些化學物質與雨水產生反應，降下硫酸雨。總之，這摧毀了植物與海洋生物，破壞地球上的食物網，消滅了許多動物生命。

在此後的三疊紀，生態系花了大約三千萬年才完全恢復過來。生態系恢復之後，主要的動物群體被重新安排，奇特且前所未見的爬蟲類在海洋、陸地與天空大量出現。

舌羊齒 — 將地球聯合起來的種子植物

種子植物舌羊齒也許是二疊紀最著名的植物。它不起眼的細長樹葉，不但告訴我們古代環境的資訊，也提供了超大陸存在與板塊構造理論的證據。它普遍生長在超大陸世界的南半球，其化石甚至曾經在南極洲出土 —— 人們在南極洲首次發現的舌羊齒樹葉化石極其寶貴。

印度舌羊齒（*Glossopteris indica*）的樹葉化石。這種曾在地球超大陸普遍存在的植物現已滅絕。

有著舌形葉的舌羊齒（*Glossopteris*），已經成為二疊紀的象徵。它是一種有種子的植物，稱為種子蕨（*pteridosperm*），出現在三億七千五百萬年前的泥盆紀，在六千六百萬年前的白堊紀末期滅絕。種子蕨在石炭紀與二疊紀尤其常見，而舌羊齒是在二疊紀出現並蓬勃發展。就跟其他許多生物一樣，它在二疊紀末期規模最大的大滅絕事件中消失了。

舌羊齒屬於木質樹，高度可達三十公尺（將近一百英尺）。它可能狀似針葉樹，但葉子不是針葉，葉長變化極大，從不到你的指尖到相當於你的前臂都有。一般認為這些葉子會在秋天脫落。季節性生長週期的證據可以在它們的樹木化石中找到，這些化石顯示春天與夏天增長、冬季休眠的跡象。舌羊齒生長在潮濕的環境中，這使它們的分布範圍被限制在二疊紀的南半球。它們的化石在非洲、南極洲、澳洲、印度、紐西蘭與南美洲等地都有發現，是這些大陸上煤層的主要來源。

舌羊齒這個名稱只是用來指稱這種植物的樹葉化石，它的根部化石稱為分節根舌羊齒（*Vertebraria*），生殖部分包括網狀舌羊齒（*Dictyopteridium*）與卵圓舌羊齒（*Ottokaria*）。舌羊齒是屬名，包含許多物種（僅在印度就有七十種之多），研究人員仍在努力瞭解它們真正的分類學多樣性。

從地球最早的複雜生命出現時就已經存在的岡瓦納大陸，到二疊紀已被納入面積更大的盤古大陸。早在十六世紀，科學家就提出地球上許多獨立大陸可能曾經連接在一起的想法，當時的科學家注意到，許多陸塊海岸線的形狀可以組合在一起。這種大陸運動的機

制,即板塊構造,一直到一九一二年,才由德國極地研究者阿爾弗雷德・韋格納(Alfred Wegener, 1880-1930)提出。

支持大陸曾經相連此一理論的一個主要證據就來自於化石。很顯然,儘管南半球各大洲被數百英里的海洋隔開,這些地方都有舌羊齒化石出土。舌羊齒的種子太重,無法藉由風來傳播,因此最可能的解釋是,在二疊紀曾有陸橋連接這些土地。這個理論是由奧地利地質學家愛德華・修斯(Eduard Suess, 1831-1914)提出的,他創造了岡瓦納大陸這個名詞,用來稱呼這些化石植物曾經繁衍傳播的南方超大陸。

南極洲的舌羊齒

在地球所有的大陸中,有一塊大陸我們所知相對較少。位於南極的南極洲幾乎完全被一個龐大的永久性冰蓋所覆蓋,這裡大部分的地質情況都不為人知。那些暴露在最北端邊緣的岩石很難接近,而且不斷地被移動的冰塊刮蝕。直到最近,我們對這個地區的生命歷史幾乎一無所知。

一九一〇年,由羅伯特・法爾肯・史考特(Robert Falcon Scott, 1868-1912)率領的英國新地探險,旨在成為抵達南極點的第一人。除了這個目標,探險隊也打算收集科學數據,其中包括有關南極洲地質情況、天氣與植物的資訊。雖然他們成功抵達南極點,卻被羅爾德・阿蒙森(Roald Amundsen)的挪威探險隊給搶先了一步,後來整個隊伍在回程中全部不幸罹難。

八個月後,探險隊的遺物被尋獲時,舌羊齒化石就在隊員遺體旁邊。儘管探險隊在形勢危急時捨下許多裝備以減輕負擔,仍然保留了約莫十五公斤(三十三磅)的舌羊齒及其他滅絕生物的化石、筆記本與科學樣本。史考特的團隊意識到這些標本與其科學觀察的重要性,選擇把它們保留下來,即使當時這群人已然面臨掙扎求生的景況。這些化石徹底改變了我們對這塊冰凍大陸的認識,不但證實它曾經是個溫暖且充滿生命的地方,也證明它曾與澳洲和非洲等其他富含舌羊齒屬植物的陸塊相連。隨著氣候變化造成南極洲冰川

融化，獲取化石可能會變得更加容易，但我們付出的代價，遠比史考特那支命運多舛的探險隊，還要更大、更悲慘。

異齒獸— 古老的哺乳動物起源

四足動物歷史上最被誤解的動物，肯定是異齒獸。這種背上具有帆狀結構的代表性動物生活在兩億七千萬年前的二疊紀上半期。多年來，牠一直被認為是爬蟲類的一個類型，但我們現在瞭解到，異齒獸與牠的親戚都是我們人類的遠古親屬。這些哺乳動物的祖先，在牠們生活的生態系中是頂級捕食者。隨著牠們賴以生存的森林生態系崩潰，牠們讓位給新的哺乳類分支成員，其中包括最早的巨型植食動物與以牠們為食的利齒野獸。

異齒獸（*Dimetrodon*）因其醒目的外觀，總是一眼就能認出來。牠的脊背上有一個巨大的帆狀結構，像一把展開的扇子伸向天空，這讓牠成為藝術家描繪地球原始動物的最愛。異齒獸經常被誤認為恐龍或爬蟲類，但是儘管牠外表狀似蜥蜴，實際上卻是我們在哺乳類演化分支的早期親戚之一，屬於合弓綱動物。牠生活在二疊紀前半期，即兩億九千五百萬年至兩億七千萬年前，其化石出土處曾為蒼鬱繁茂的河流三角洲。

異齒獸是哺乳動物的古老近親。在恐龍出現之前的幾百萬年間，這些動物是最成功的四足動物。

異齒獸屬有好幾個種，從體型比狗大不了多少的小型動物，到比家庭房車還長的可怕巨獸都有。牠們的一個明顯特徵是滿口尖銳的鋸齒狀牙齒，靠近前部還有較大的犬齒。這不僅說明牠們是肉食者，也是哺乳動物分支中演化出現特化牙齒類型的最早範例之一，讓牠們更有效率地處理不同的食物。異齒獸可能以其他脊椎動物為食，也可能吃大型昆蟲。其他合弓綱動物則吃昆蟲、植物與魚。

異齒獸只是在二疊紀出沒的許多合弓綱動物之一。到了二疊紀中期，氣候變化讓盤古大陸變得乾燥，改變了森林的組成。這些變化，恰與異齒獸等動物被新一輪後裔（稱為獸孔目動物）所取代的時間相吻合。這些愈來愈像哺乳類的動物在二疊紀下半繼續繁衍，演化出地球上第一批快速移動的捕食者及身形龐大的巨型植食動物；捕食者與獵物之間的關係，幾千年來一次又一次地重新出現，形成陸地生態系的基礎。

不是爬蟲類

異齒獸經常被錯誤地描述為與恐龍共存，其實這兩個群體從未重疊；異齒獸存在的時間比恐龍早了將近一億年。有很長一段時間，異齒獸之類的動物被稱為「類似哺乳類的爬蟲類」。牠們在十九世紀末首次被認為是哺乳動物支系的一部分，人們原本認為牠們是從爬蟲類的一個分支演化而來的。然而，隨著更多化石出土，我們對演化與家族關係的理解更加清晰；研究人員意識到哺乳動物支系（稱為合弓綱）完全獨立於爬蟲類支系；這兩個分支是從石炭紀共同的四足動物祖先演化而來的。

儘管我們現在已經知道異齒獸既非恐龍亦非爬蟲類，這種不恰當的用詞卻延續了下去。然而，牠在外表上確實有些相似性。牠的四肢向兩側伸開，沒有毛髮，也沒有外耳。牠的身體很長，走路時的步態有點像蜥蜴（事實上，牠的動作與任何爬蟲類都不太一樣）。我們傾向將這些特徵與爬蟲類連結在一起，因為這些特徵幾乎在所有哺乳動物身上都已經消失了，但是大多數的早期四足動物都具有這些特徵，這是因為牠們有共同祖先的緣故。

揚帆遠航

異齒獸的背棘讓牠們看來有龐克的外型，但也給科學家帶來了一項難題。異齒獸的棘很細，尖端逐漸尖細，而在其近親基龍（*Edaphosaurus*）身上，每根棘上布滿了疙瘩狀的突起，狀似細枝。在體型較大的物種中，這些棘可達兩公尺高（六・五英尺）以上。這些巨大結構具有什麼功能？最早研究這個問題的科學家認為它們可能是帆，讓動物在湖面航行。這是不太可能的假設，尤其這表示異齒獸得側身，才能從一岸漂移到另一岸。其他不可能的想法包括，這些棘是用來支撐儲存脂肪的肉峰，或是幫助異齒獸在茂密的林下植物當中偽裝自己。

最廣為人知的解釋是，背帆有調節體溫的作用，在太陽底下幫助動物升溫，也在陰涼處幫助加速降溫。在研究體型與帆的大小之間的關係，並追蹤棘周圍的血管模式之後，幾乎沒有證據支持這個假說。更重要的是，這個解釋的前提是所有合弓綱動物都是冷血動物。最近對牠們骨骼的分析顯示，牠們的新陳代謝可能比我們以前認為的要更快，甚至在夜間依然活躍。也就是說，牠們不會像現在的冷血蜥蜴那樣曬太陽。

最近，科學家認為這些動物的背帆可以在性擇與競爭中發揮作用，就像雄鹿與山羊的角一樣。它們可能讓動物看起來比競爭對手更大，或者可以鮮豔的顏色吸引異性。經過一個多世紀的爭論，我們仍舊無法確定異齒獸為何有長長的背棘，但這些背棘已經讓異齒獸成為地球已滅絕生物萬神殿中永恆的代表性角色。

笠頭螈 — 謎樣的兩棲類起源

在二疊紀地球的河流中，應該可以常常見到笠頭螈扭動的身軀。當爬蟲類與哺乳類祖先占據了更廣闊的土地時，像笠頭螈這樣類似兩棲類的動物，繼續在淡水中與淡水的周邊區域繁衍。牠有獨特的迴力鏢形頭骨，非常適合在快速流動的溪流中潛行，這讓牠成為行動敏捷的捕食者，可以從河床上爬升，擷取路過的魚類和無脊椎動物。這些動物為我們提供了現代兩棲類起源的線索，現代兩棲類在現代生態系中也扮演著同樣的角色。然而，透過化石來追溯牠們的演化分支，仍然呈現一個誘人的謎團 —— 是科學仍在試圖解決的問題。

笠頭螈（*Diplocaulus*）是一種頭形怪異的動物，體型和水獺差不多，二疊紀的大部分時間，自三億六百萬年前至兩億五千五百萬年前都可以發現牠的蹤影。牠類似兩棲類，但屬於殼椎亞綱動物，這類動物生活在石炭紀到二疊紀這段時間。笠頭螈有長長的尾巴與寬大扁平的身體，但最不尋常的還是牠的頭部，頭形狀似迴力鏢，兩隻小眼睛位於上側表面。笠頭螈的化石出土於現在的北美洲與非洲，是殼椎亞綱動物中體型最大者，體長可達一公尺（三英尺），多半漂浮在水面生活，為半水生，類似於現代的蠑螈。

笠頭螈怪異的頭骨形狀，來自兩段從臉部向後伸出的「角」。人們提出許多理論來解釋牠為何有這種 V 形頭骨。最有可能的一個說法是，這個形狀與流體動力學有關，讓動物能夠控制身體在快速流水中的起伏。這表示牠是急流特化種，能夠從河床迅速上升，抓住上方流水中的獵物。雖然在水中捕食，笠頭螈也能潛伏在軟泥中，也會進行夏眠——身體機能減緩，讓動物度過炎熱乾燥時節的休眠期。被吃掉一半的笠頭螈化石與其他類兩棲類動物化石，都曾與肉食異齒獸的脫落牙齒化石一起出土。這表示笠頭螈之類的動物，是這種二疊紀大型肉食動物飲食中一個重要的部分。

當人們如此關注古代的哺乳類親戚與爬蟲類，很容易就會忘記，許多其他四足動物也曾以古老的地球為家。時至今日，蠑螈等動物在生態系中占據著與笠頭螈相似的生態區位，和其他四足動物

水生笠頭螈是為兩棲類起源提供線索的諸多動物之一。

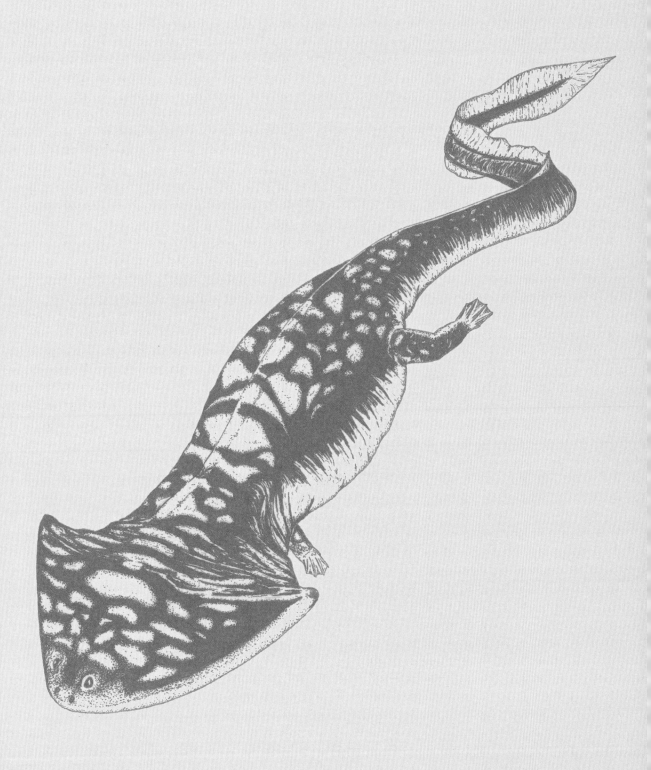

一同生活在河流與溪流中，並以魚類與無脊椎動物為食。儘管笠頭螈化石的發現已有兩百多年歷史，我們對兩棲類早期演化的瞭解仍舊不多。研究笠頭螈之類的動物，能幫助研究人員揭露牠們的故事，拼湊出地球生命中這個重要組成分子是如何演化出現的。

兩棲類的起源

乍看之下，笠頭螈很像現代的大鯢。大鯢生活在中國、日本與北美，有些個體長得比成年人的身高還長。然而，笠頭螈與現存兩棲類群體之間的關係卻有些令人費解。

現存的兩棲類多達八千種，這個群體包括蛙、蠑螈與蚓螈（一種蠕蟲狀的穴居動物）。我們從遺傳物質得知，牠們的共同祖先可以追溯到石炭紀，然而牠們已知最早的化石卻出土於三疊紀岩層。像笠頭螈這樣的殼椎亞綱動物，與另一類離片椎目動物生活在一起。牠們都被歸為兩棲類，但到底哪一個（如果有的話）是現存兩棲類的祖先，目前仍在爭論中。

生態指標

兩棲類的特徵讓牠們在四足動物中成為非常特殊的群體。牠們是無羊膜動物，也就是說，牠們的卵構造簡單，沒有堅硬的外殼，而且通常倚賴淡水進行繁殖（牠們通常不在鹹水環境中出現，儘管有一、兩個例外）。牠們的幼體會經歷徹底的變態，從水棲的幼體變成呼吸空氣的成體。有些放棄這個過程的一部分，在長成成體之後仍為水棲動物，同時保留了鰓，例如墨西哥鈍口螈。大多數發展出肺，也能藉由富含黏液的皮膚呼吸——有些物種甚至完全沒有肺，只用皮膚呼吸。有些兩棲類是有毒的。雖然經常與池塘和溪流連結在一起，兩棲類其實已經適應了缺水的環境條件，有些動物可以跳得很遠，還可以爬樹，甚至利用蹼在相距遙遠的樹枝之間滑行。

兩棲類獨特的生理機能，讓牠們對環境變化特別敏感。基於這個原因，兩棲類被認為是「生態指標」。也就是說，兩棲類的存在，為生態系或棲息地的健康提供一個簡易的參考點。兩棲類具有半通透性的皮膚，以及繁殖與生長時對淡水的需求，都讓牠們很容易受

到污染及棲息地喪失的影響，對於其他物種的移除或引入而引起的食物網變化也很敏感。由於兩棲類通常是較大型動物的獵物，牠們的消失會對生態系的健康運作，產生根本的影響。

致命的真菌

近年來對兩棲類數量造成毀滅性影響的，是一種名為蛙壺菌（*Batrachochytrium*）的傳染性真菌。這種真菌已經影響全世界超過三分之一的兩棲動物族群。不僅會導致皮膚變厚，影響動物的呼吸能力，往往也會讓牠們昏昏欲睡，行動遲緩，以致影響逃離捕食者的能力。

儘管蛙壺菌的起源尚且不明，它正藉由兩棲類寵物的國際貿易，以及水族館和研究需求的進出口而廣泛傳播。一般認為，氣候變化讓傳播速度變快。在一些地區，感染蛙壺菌的死亡率甚至高達百分之百，完全摧毀生態系的一個關鍵組成。根據研究人員的計算，目前的兩棲類滅絕速度正在不斷加快，而且可能比正常速度快了四萬五千倍之多。儘管在地質時期，兩棲類從許多自然界的大滅絕事件中存活下來，但是對於這個古老的演化分支，人類可能才是最大的威脅。

針葉樹 — 最堅韌的樹

針葉樹構成當今地球上的大部分林地。它們在二疊紀利用了新融合的超大陸的乾燥氣候，開始多樣化。在二疊紀末期大滅絕事件之後，它們迅速反彈，成為地球上最重要的樹木。從恐龍的食物，到不朽的神話象徵，再到商業木材作物，針葉樹是地球生命故事中不可或缺的一環。

當今地球上最大的單一生物群系為寒帶密林，也就是寒帶針葉林，為北半球的大部分地區披上一層深綠色的皮毛，從俄羅斯、歐洲北部到北美洲都是其分布範圍。這些森林以針葉樹為主，這些會結毬果的植物，構成地球上大部分的樹木。雖然針葉樹現在已是地球的基本組成分子，它們的祖先大約在三億年前的石炭紀晚期才出現。針葉樹在二疊紀開始真正茂盛地繁殖，並在中生代成為許多植食恐龍的主要食物來源。早期的針葉樹化石極其稀少，多半以碎片和花粉為主。

針葉樹大多為喬木，也有少數灌木，其中包括世界上最高的樹木（紅杉），一般具有長形的針葉、扁平的鱗或帶狀樹葉。柏樹、冷杉、杜松、考里松、落葉松、雲杉、松樹、紅杉與紫杉等都是針葉樹，幾乎在每個大陸都有它們的蹤影。針葉樹擁有地球上所有生物中最大的基因組，多達六百五十多個種，雖然並非最多樣化的植物類型，卻覆蓋了大片的土地。它們對於包括人類在內的地球生命都非常重要，是最大的一個碳匯，因此在對抗人為氣候變化的戰役中，扮演著重要的角色。除此之外，它們為木材與紙張生產帶來龐大的經濟價值，每年提供世界上幾乎一半的木材，更是肥皂、食物、香水、指甲油與口香糖等其他產品的關鍵原料。不僅如此，它們的樹枝也交織在世界各地的人類遺產與文化中，從五千年前被拿來製作長弓，到長久以來與冬季節日密不可分的關聯性，是堅忍度過艱難時期的象徵。

針葉樹屬於裸子植物，英文 gymnosperm 一字來自希臘文，有「裸露的種子」之意。這個群體包括蘇鐵、銀杏、買麻藤門植物與

針葉樹有多種形式，包括地球現存最古老的樹木。

松樹,所有這些植物的種子都生長在鱗片、樹葉或毬果的表面(而不是像被子植物那樣被包圍在子房裡)。裸子植物有許多已經滅絕的類型,例如在恐龍時代非常多的本內蘇鐵目植物。針葉樹是現今地球上最常見的裸子植物,但其他裸子植物如銀杏是(該門)唯一的倖存物種,面臨著不確定的未來。

在極端環境中生存

藉由發展出可隨風傳播的花粉,以及有毬果保護的種子,比起地球上最早森林的大多數樹種,針葉樹更能承受乾燥的氣候。隨著古生代後期的氣候變化,針葉樹和其他產生種子的植物(裸子植物)具有優勢,在整個地區傳播。到了二疊紀末期,有史以來最大規模的大滅絕事件給地球生命帶來沉重的打擊,但針葉樹很快就恢復過來。最早的松樹化石來自三疊紀晚期,此後,針葉樹就開始大量出現在化石紀錄中。儘管針葉樹在白堊紀末期隨著新類型植物與樹木的演化而逐漸減少,仍是地球生態系中不可或缺的一部分。

針葉樹在極端的環境中非常頑強。它們通常生活在高緯度與高海拔的區域。許多針葉樹對寒冷環境發展出特化的適應,包括樹枝下垂,以避免積雪。在高緯度地區,它們的綠色通常比其他樹木更深,因為它們滿是能行光合作用的葉綠素,藉以從較弱、更罕見的陽光榨取最大的能量。相反地,在陽光較充足的地方,針葉樹往往帶有銀色光澤,保護它們避免紫外線的傷害。這些特性讓它們成為真正的倖存者。

聖誕樹

針葉樹最令人印象深刻的一個特徵是濃郁的樹脂氣味。這種物質通常是在樹木受傷時分泌的,能保護樹木免受昆蟲與真菌的侵擾。有些樹脂的氣味甚至會吸引其他無脊椎動物前來,吃掉植物的攻擊者。除了可應用在人類醫學與香水之外,樹脂經過化石化會形成琥珀;琥珀用於製作珠寶,至少有一萬三千年的歷史。

針葉樹在冬季其他生物都死亡時,仍然維持綠色,讓它們在世界各地成為堅忍與永生的象徵。這種關聯是有根據的:現今地球上

最老的十棵樹都是針葉樹，其中最古老的是美國內華達州的一棵刺果松（*Pinus longaeva*），樹齡超過四千九百年。

中生代

中生代涵蓋了也許是地球地質史上最著名的三個時期：三疊紀、侏羅紀與白堊紀。它始於兩億五千兩百萬年前，一直延續到六千六百萬年前，以扭轉地球優勢動物名冊的大規模滅絕事件開始並結束。中生代有許多別名，如「爬蟲動物時代」，因為在一億八千六百萬年的時間裡，爬蟲類在天空、海洋與陸地上蓬勃發展，演化出地球有史以來最大的動物。儘管對我們來說是難以想像地陌生，但它預示著「現代生態系統的誕生」。地球本身出現了可識別的大陸輪廓，我們也第一次看到繼續與我們共享這個世界的所有主要生物群體的成員。

中生代實際上是從灰燼中發展起來的。在中生代之初，一連串大規模的火山爆發摧毀了土地，毒害了天空與海洋，導致全球大滅絕，殺死超過四分之三的生命。在海洋中，海洋生命面臨的是海水酸化與缺氧。三葉蟲與板足鱟（海蠍）等魅力十足的群體永遠消失了。在陸地上，自從四足動物在水邊出現後就一直蓬勃發展的合弓綱動物（哺乳動物支系），只剩下少數支系。從北極到南極，酸雨與核子冬天讓生命陷入困境。

這種大規模的破壞創造了新的契機。少數頑強的廣適者利用了這個空著的世界，生態系統慢慢恢復了。四足動物的另一個分支開始主宰這個星球：這裡指的是爬蟲類。「恐龍時代」開始了。包括讓之前與之後的生命相形見絀的巨大植食動物，還有牙齒如切肉刀的肉食動物，以及有羽毛的小型禽獸——鳥類的祖先，在在讓十八、十九世紀的歐洲科學家瞠目結舌，然而許久以來，牠們的骨骼化石早就融入亞洲與美洲的民間傳說之中。雖然在中生代出盡風頭的是爬蟲類，其他改變世界的演化分支也在這個時期成形。現代哺乳類的共同祖先出現了，鱷魚與兩棲類也出現了。在昆蟲之中，甲蟲突然多樣化，蝴蝶、螞蟻與蜜蜂的祖先，則是在白堊紀陸地革命期間出現。這預示著一個重塑地球生命的發展：早期開花植物的出現。

與此同時，盤古大陸就像一只打破的餐盤碎裂了，形成現代地理景觀的開端。海平面上升又下降，形成新的海岸線並改變了氣候。在白堊紀溫暖的水域中，海洋浮游生物大量沉積在淺海的海床上，形成厚達數百公尺的冰山狀白堊層。在中生代末期，這個世界遭受小行星的撞擊，讓生命之網再度失衡。這次致命的撞擊卻為動物生命開啟了新的篇章，迎來新的「哺乳動物時代」。

三疊紀

2億5200萬年前至2億100萬年前。中生代海洋革命開始，許多爬蟲類從陸地返回海洋中生活。

海平面普遍較低。

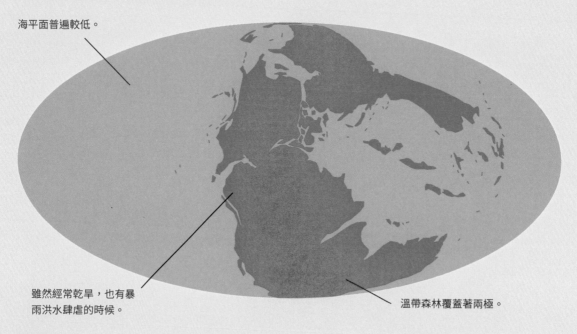

雖然經常乾旱，也有暴雨洪水肆虐的時候。

溫帶森林覆蓋著兩極。

侏羅紀

2億100萬年前至1億4500萬年前。恐龍在陸地上大肆繁衍，哺乳動物、小型爬蟲類與昆蟲也一樣。

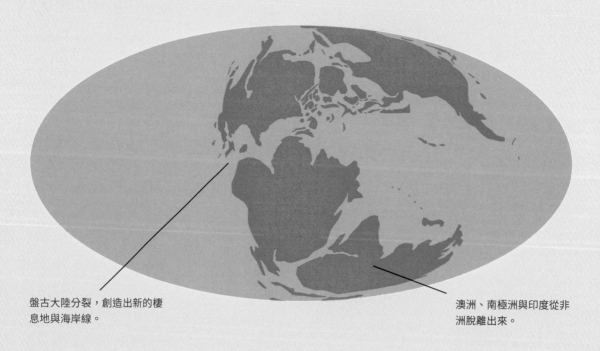

盤古大陸分裂，創造出新的棲息地與海岸線。

澳洲、南極洲與印度從非洲脫離出來。

白堊紀早期

1億4500萬年前至1億年前。開花植物的演化出現，引發了始於陸地的白堊紀陸地革命。

一條海道穿過現在的北美洲。

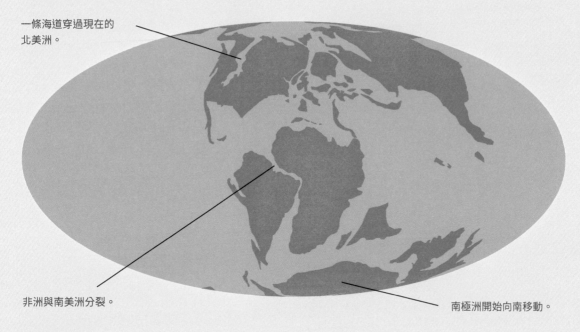

非洲與南美洲分裂。

南極洲開始向南移動。

白堊紀晚期

1億年前至6600萬年前。海平面比現在高了110公尺以上。

歐洲、美洲與非洲有大片地區被海水淹沒，形成淺海區。

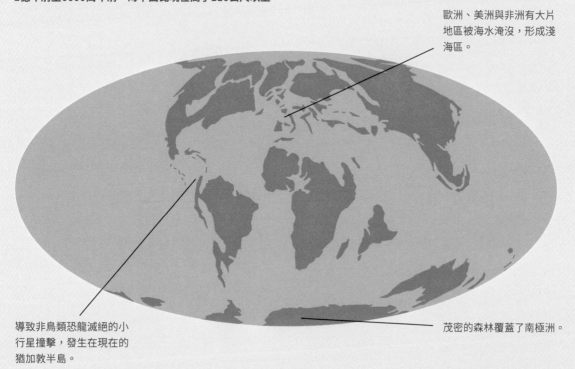

導致非鳥類恐龍滅絕的小行星撞擊，發生在現在的猶加敦半島。

茂密的森林覆蓋了南極洲。

三疊紀

短暫而古怪的三疊紀，從有史以來最大規模滅絕事件的塵土中湧現。這是一個恢復與發明的時期。隨著動植物再次多樣化，它／牠們探討了新的生活方式。在陸地、海洋與空中，爬蟲類以恐龍、海洋爬蟲類與翼龍的形式擔任主角。在牠們的腳下，地球本身從土壤到板塊構造都被重新改造。

三疊紀始於兩億五千兩百萬年前，只持續了五千一百萬年。這是個短暫但饒富創造力的時期，爬蟲類占據了演化舞台的中央位置。盤古大陸依然存在，內陸地區夏熱冬冷，季風淹沒了沿海地區。這個時期的岩層顯示，有一段時間降雨量大增，大量土壤與岩石被沖走。雖然海平面普遍較低，在降雨量過多的時期，海平面比現今的水平高出五十公尺（一百六十五英尺）。溫帶森林覆蓋兩極，其中有針葉樹與本內蘇鐵。現已滅絕的本內蘇鐵是類似棕櫚的植物群體，有長而薄的葉子，是整個中生代最常見的植物。

三疊紀開始的時候，先前於古生代發展出色彩斑斕的生物多樣性早已化為灰燼。現今位於西伯利亞的火山，噴發出數百萬噸的熔岩與有毒氣體，淹沒了面積相當於澳洲的地區。比熔岩更具破壞性的是排放到大氣中的氣體。二氧化碳在地球上形成一個讓人反應變遲鈍的溫室。硫與水氣結合，形成腐蝕性酸雨，殺死植物並造成河流海洋酸化。地球上七○％到八○％的動物都滅絕了。生命花了兩千萬年的時間，才得以恢復。

三疊紀生命復甦的模式，有助於我們瞭解當前滅絕危機的影響。並非所有生物都會立即消失——有些生物撐過了最艱難的時期，但在幾百萬年後漸漸消失。牠們說明了造成滅絕的事件，與生物本身最終消失之間的滯後性。有些生物剛開始很繁榮，但時間一長就消失了——所謂的「災後氾濫種」。其中最著名的是外觀似豬的水龍獸（*Lystrosaurus*），牠是一種植食動物，為哺乳動物的古老親戚。這也是地球生命史上唯一一次由單一群體主宰每個大陸的時期。

隨著世界恢復生機，由針葉樹、蕨類植物與狀似棕櫚的本內蘇鐵構成的森林重新出現。新物種占據了空的生態區位，水龍獸之類的動物被取代了。新動物群體的名冊相當驚人：最早的海洋爬蟲類、恐龍、哺乳動物與現代魚類都出現了。翼龍演化出現，這是地球史上初次出現具有飛行能力的四足動物。三疊紀通常被認為是一個

匪夷所思的生物實驗時期，這些新生物也讓中生代成為它／牠們自己的時代。

海洋革命

在三疊紀，海浪之下也發生了革命。海中新生物群體的出現，是中生代海洋革命事件的一部分。新型珊瑚為第一批現代魚類提供了庇護，這些魚類現在構成地球上最豐富的脊椎動物多樣性。出乎意料的是，四足動物在此時利用了豐饒的海洋資源。這些四隻腳的動物回到海洋中；先是作為遊客，最終成為永久的居民。這些呼吸空氣的動物經歷了全身改造，以適應海洋生活：失去四肢，形成槳狀肢，生下活的幼仔。

自生命開始以來，動物就一直在互相捕食，但在三疊紀之後，能夠弄破甲殼的動物變多了。曾經安穩躲在甲殼裡的無脊椎動物，成了海洋爬蟲類的獵物，這些爬蟲類演化出堅硬扁平的牙齒與強壯的上下顎來撬開貝殼。固著在海床上或很少移動的動物很容易就成為獵物，包括海百合（海膽的親戚）與海星。作為回應，一些有殼動物發展出盔甲般的防禦措施，例如尖刺，也有一些變得愈來愈靈活，以逃離眾多敵方的血盆大口。

三疊紀末期的翻轉

事實上，三疊紀末期有許多物種滅絕事件，也有新的開始。所謂的卡尼期洪積事件，在岩石紀錄中留下大量的沉積物，這些沉積物被大陸上的流水沖刷，挾帶的碎片填滿了山谷與三角洲。這種氣候變化是突然發生的，而且逆轉得同樣很快，但是它和多個動物群體的演化有著密切的關係，包括恐龍與較小型爬蟲類，如蜥蜴與蛇的祖先。

在三疊紀的前五千萬年裡，鱷魚祖先的表現比恐龍更好。這些鱷魚長得比汽車還長，用具有爆發力的長腿在陸地上昂首闊步，有些甚至可以用雙足行走。然而，牠們的統治並沒有持續下去：另一輪火山爆發為恐龍清掃了道路，讓恐龍完全接管這個世界，並在接下來的一億五千萬年間維持繁榮。

同一個時候，哺乳動物的祖先發現一個完全不同的生態區位。牠們演化出毛皮與乳汁分泌。哺乳動物作為小型夜間食蟲動物的適應，促成構造上的變化，為牠們後來在地球歷史上驚人的多樣性奠定了基礎。在三疊紀末期，哺乳動物也經歷了新生，伴隨巨大的爬蟲動物，進入這個全新的未來。

叉鱗魚 — 真骨魚的起源

魚類是世界上最重要的一個食物來源。雖然牠們最早出現在泥盆紀，但是現今在河川湖泊裡跳躍潛伏的大部分魚類，起源卻是在三疊紀。叉鱗魚是最早的現代魚類之一，牠的頜部結構與之前的魚類不同，讓牠利用吸力迅速啃咬。正是這一點，魚類才能成為當今地球上最具多樣性的脊椎動物群體。

在溫暖的三疊紀海洋中，有一種重要性非常的魚類居民。叉鱗魚（*Pholidophorus*）看起來像鯡魚，成魚體型也與鯡魚類似——比你的前臂大不了多少。牠有長長的身體與閃閃發光的鱗片，尾巴根部狹窄，向外伸出形成兩片對稱的尖鰭。這種在兩億多年前很常見的古老魚類，看起來可能與之前的魚沒什麼不同，但是與早期地球水域中有鱗居民不一樣的是，叉鱗魚屬於一個充滿活力的新群體，

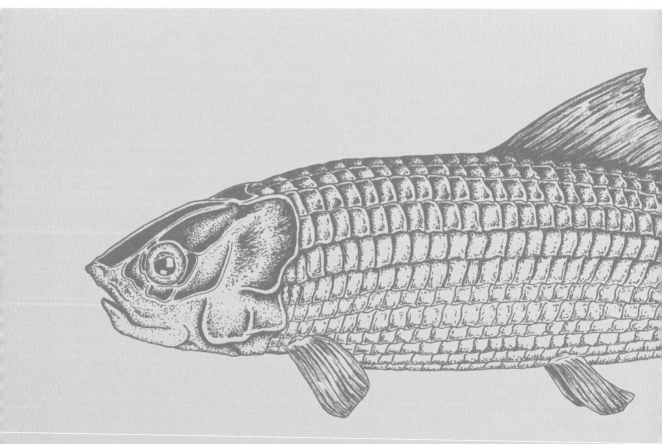

這個群體後來成為地球上繁衍最成功、物種最多的脊椎動物群體：真骨魚。

　　叉鱗魚的特徵顯示，牠位於真骨魚家族的最底層。這讓牠成為地球上幾乎所有現存魚類的親戚，對於理解現代魚類群體的早期歷史和多樣化非常重要。牠們在現今非洲、歐洲與南美洲一帶的海域活動，即使在化石紀錄中，美麗的鱗片依然閃耀。許多標本的保存狀況良好，看起來好像隨時都可能翻身游走。

　　真骨魚占現存魚類物種的九六％，幾乎所有水生環境都有牠們的蹤影，甚至極端環境，如炎熱且鹽度超高的沙漠湖泊，以及寒冷孤立的洞穴池塘。有些魚有洄游性，會游到相當遠的地方；例如鰻魚會橫越大西洋六千公里（三千七百英里）去產卵。牠們是世界各地水生生態系的重要組成分子，每年也為三十多億人提供食物來

叉鱗魚是世界上最早的真骨魚之一。現今大部分的魚類物種，都屬於真骨魚這個群體。

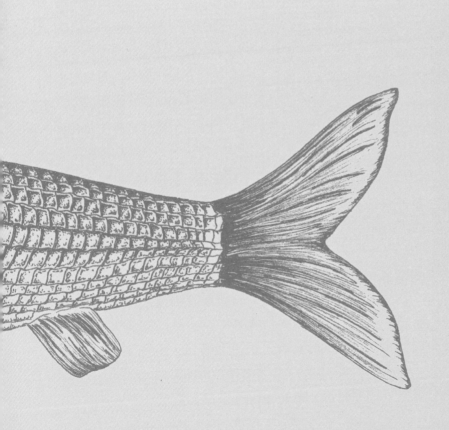

源。有些魚類如斑馬魚（*Danio rerio*），對醫學也極為重要。斑馬魚不僅被視為瞭解脊椎動物的模式生物，被用於研究動物發育、常見醫學疾病、基因表現與新藥製作和測試等領域，在一九七〇年代，這個毫不起眼的物種也是第一批被複製的脊椎動物之一。

突出的領

現今有超過兩萬六千種真骨魚，體型大小從迴紋針尺寸到巨大的翻車魚（*Mola mola*）都有，翻車魚的重量可超過十五個成年男子，是地球上最重的硬骨魚。真骨魚與其他魚類的區別，主要在於領的結構。真骨魚的領可以向前伸出，抓住食物並將食物送回嘴裡，就像在自助餐桌快速伸出取食的手。這個突然伸出的動作也會產生吸力，將獵物往牠們的方向拉過去。這改變了牠們獲取食物的速度，讓牠們成為強大的捕食者。隨著中生代海洋革命的速度加快，這個新群體已經做好準備要利用每一個新的機會。

大多數真骨魚都具備彩色視覺，許多也能感受到周圍水的化學「味道」，或是藉由沿著身體側面分布的側線（感覺器官），感覺到運動與震動。牠們是冷血動物，但也有新陳代謝較高的物種，如劍旗魚與鮪魚。真骨魚有非常多的繁殖策略。牠們的性別有時候是由環境決定的，在小丑魚之類的物種當中，個體可以改變性別，比如遇到一個繁殖群體中的優勢雄魚死亡的情況。儘管大多數產卵且行體外受精，有些魚還是會把卵留在體內孵化，而有些魚種如淡水的亞洲龍魚，則會將幼魚含在嘴裡提供保護。當小魚苗準備好要離開時，那個可以向前伸出的領就會反向運作，將小魚射入水中，在危險的深處前進。

魚兒加油！

由於真骨魚主宰著地球的海洋與水道，全球漁獲也是以真骨魚為主。人類每年捕撈或養殖的魚類超過九千六百萬噸，為超過三十億人提供主要的蛋白質來源。儘管種類驚人，在過去幾世紀中，魚類數量急劇下降。過度捕撈加上丟棄的混獲，讓魚的數量不斷減少。大型工業化漁船，影響了世界各地數百個倚賴小規模捕魚維生

的村落與城鎮。拖網漁船翻攪了海床，破壞了產卵與孵育地，阻礙海洋生物的復原。氣候變化與污染也造成損害，特別是在海岸線與內陸水域。世界各國已採取行動，因應這個下降趨勢：海洋保護區的設立與捕魚方式的改變，都是為了解決這個問題而採取的解決方案。雖然在一些地方確實有恢復的跡象，但魚群數量依然遠低於以往。過度捕撈的危機已被認定是當今人類面臨的最大威脅之一。

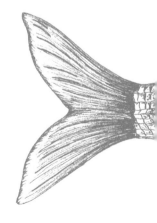

歌津魚龍 — 重返海洋

在三疊紀早期，現在日本這個位置的海洋有歌津魚龍在此悠游，這是一種像海豚大小、以魚為食的動物。牠屬於許多在演化上出現一百八十度驚人轉彎的爬蟲類群體：這些動物從陸地生活回歸到完全的海洋生活。海面下生活的壓力，讓牠們從裡到外都產生了變化，四肢萎縮，尾巴變扁。這些動物化石的出土，改變了人類對過去的認識。

在三疊紀，現今的日本依然躺在一個溫熱的海洋底。在菊石與魚群中游動的動物看起來像海豚，卻是第一批成功演化的海洋爬蟲類。歌津魚龍（*Utatsusaurus*）以日本歌津町為名，牠是魚龍的祖先。這種動物從鼻子到尾巴尖端的長度約三公尺（十英尺），身體平滑且有四個粗壯的鰭狀肢，長長的頭部有延長的吻部用來捕魚。與後來的魚龍不同的是，歌津魚龍有一條狀似鰻魚的尾巴。魚龍是眾多以中生代海洋為家的海洋爬蟲類之一。

海洋爬蟲類是歐洲中生代岩層最早發現的脊椎動物化石之一。最早出土的這類化石，有許多是瑪麗·安寧（Mary Anning, 1799-1847）在英格蘭萊姆里傑斯的海灘上發現的。由於發現的海洋爬蟲類非常多，博物學家認為「爬蟲類時代」的地球大多被水覆蓋。然而在更深入瞭解這個時期之後，人們很快意識到，海洋動物數量龐大，主要是因為人們尋找化石的岩石剛好是在海底形成的，而不是過去在地球表面組成的。

雖然經常被錯誤地與恐龍混為一談，海洋爬蟲類屬於完全獨立的演化分支，牠們的共同祖先最早可追溯到二疊紀。其他適應中生代海洋生活的群體包括：有四個鰭狀肢、長長的頸子與小頭的蛇頸龍（*Plesiosaurus*）；強壯的滄龍；稱為海鱷亞目動物的海洋鱷魚親屬；以及有著奇異鴨嘴的湖北鱷。牠們的起源通常是個謎，因為牠們的祖先適應得非常迅速，留下的化石並不多。人們認為，這些動物作為爬蟲應該會產卵，也許像今天的海龜一樣，會拖著笨重的身體到海灘上產卵。我們現在已經知道，牠們會在水中產下活體幼仔（就像海豚），與祖先曾漫步的陸地切斷了所有聯繫。有好幾件魚龍化

這幅蛇頸龍（後方）與魚龍（前方）的十九世紀古老版畫，反映出人類長久以來對古代海洋爬蟲類的迷戀。

石保存了子宮或產道內的胚胎。與鯨魚和海豚不同的是，魚龍會產下數量較多的幼仔；有件狹翼魚龍（*Stenopterygius*）化石裡面，竟然保存了十一個胎兒。

回到海洋

陸地到海洋的驚人回歸，完全重塑了動物的身體。這樣的重塑在不同群體中多次發生，包括爬蟲類與兩億年後的哺乳類。爬蟲類最早於二疊紀回到水中，但是在三疊紀有更多爬蟲類效仿。牠們從狀似蜥蜴、待在岸邊的小型動物，演化成體長達二十公尺（超過六十五英尺）的遠洋海怪——體長只略短於藍鯨。我們在海洋爬蟲類身上看到的許多變化，都在化石紀錄中保存了下來，後來鯨魚與海豚的演化故事也有類似的軌跡。牠們的四肢變短，逐漸變成槳狀，或者完全消失。牠們的身體呈流線型，以減少阻力，提高游泳效率。在魚龍等群體中，牠們的尾巴變平了，好提供推進的動力。

牠們的身體內部構造也產生變化。在現今的一些海洋哺乳動物中，吸一口氣可以憋氣長達兩個小時，因為氧氣不但被吸入肺部，也被儲存在肌肉與其他組織中，可為更深、更長的潛水提供能量。海洋爬蟲類可能也是如此，一般認為這些動物就像牠們的表親恐龍與翼龍一樣是溫血（內溫）動物。在地球生命史上，能深潛的魚龍有著相對於身體質量比例最大的眼睛；牠們的眼睛跟餐盤一樣大，非常適合在最黑暗的深處捕獵。對這些潛水動物來說，減壓病非常危險；對現代的鯨魚也是一樣。這種情況是因為動物爬升到水面的速度過快，在體內形成氣泡。海洋爬蟲類的化石顯示出減壓病的證據；減壓病會因為細胞受損及死亡，在骨頭上留下坑洞。

湖泊潛行

海洋爬蟲類不僅以化石的形式保留下來，也存在於我們的神話與想像中。湖怪與海怪的傳說，被歸因於恐龍時代的孤獨倖存者。這些故事往往早於人們對海洋爬蟲類的常識，而這些動物最初被當作是怪物或神話生物。隨著化石發現的數量增加，牠們已經被重新歸類到中生代海洋爬蟲類的類型——通常是有著小頭和長頸的長頸

龍。加拿大歐肯納根湖的湖怪「奧高普高」（Ogopogo）與東南亞的七頭蛇（Phaya Naga）皆屬此類。最著名的也許是尼斯湖水怪。在蘇格蘭與愛爾蘭的原住民語言蓋爾語中，「loch」一字是湖的意思。有關尼斯湖水怪的紀錄，最早出現於六世紀，不過在一九三〇年代，當一種長頸動物在水中潛伏的照片出現之後，水怪傳說開始流行起來。即使進行了無數次搜索，始終沒有具體證據，證明有某種奇特的動物在那裡生活。

把這些生物想像成中生代海洋爬蟲類的後代確實誘人，但有許多實際原因，表明這種可能性並不大。沒有任何化石證據顯示，有海洋爬蟲類在六千六百萬年前的大滅絕事件中倖存下來。一個物種要維持到今天，需要經過好幾百萬個世代，因此牠們的存在是很難被忽略的。從地質學的角度來看，這些傳說生物居住的湖泊都是相對近期才出現；舉例來說，尼斯湖是在最後一個冰河期被挖鑿出來的，而冰河期在一萬五百年前才結束。儘管科學的說法相反，這些生物的故事不太可能就這樣消失。

波斯特鱷 ── 鱷魚的起源

波斯特鱷是鱷魚的遠親，體型比老虎還大，在三疊紀存續了超過兩千萬年。牠屬於一大群最初在競爭中勝過恐龍的動物，這些動物包括身上有裝甲、堪比坦克的獸類，以及爆發力強大的獵食動物。牠們的演化分支產生了現代鱷魚、短吻鱷與恆河鱷的祖先；這個曾經興盛的家族，只有這些動物倖存下來。

　　波斯特鱷（*Postosuchus*）是一種古老的爬蟲類，在兩億兩千兩百萬年至兩億兩百萬年前生活在北美洲大陸。牠的體長與汽車差不多，有長滿鋸齒狀牙齒的巨大頭骨。強有力的後腿與較小的前肢，顯示牠甚至可能是用兩條腿走路。雖然這種可怕的動物乍看之下很

像獵食性恐龍，牠與現代鱷類的親緣關係更密切，屬於勞氏鱷科。勞氏鱷科中，有三疊紀陸地上最大的獵食動物，整個北半球、南美洲與南非都有波斯特鱷的化石出土。

　　波斯特鱷的化石出現在曾為溫暖熱帶的環境，那裡有茂密的蕨類植物。雖然波斯特鱷體型很大，但牠絕對不是三疊紀最大的勞氏鱷科動物。有些勞氏鱷從牙到尾可長達六公尺（二十英尺），而且都是用強壯直立的後腿站立——不像現在的鱷類笨拙地以四肢爬行。牠們是行動敏捷的捕食者，以其他脊椎動物為食。波斯特鱷所屬的演化分支，在三疊紀大部分時間都是陸地上最成功的爬蟲類。一直到三疊紀結束，這些鱷類的親戚才讓位給正在崛起的恐龍。

鱷類的古代親屬包括四肢細長、爆發力十足的捕食者。牠們的骨骼化石、甚至化石腳印，都來自三疊紀岩層。

雖然現代鱷類的多樣性不及牠們在中生代的全盛時期，鱷類（或更正確地說，鱷目動物）無疑是大自然最成功的演化故事之一。在經歷多次大滅絕事件之後，牠們繼續以鱷魚、短吻鱷、凱門鱷與恆河鱷的形式，在現在的熱帶地區河道中繁衍生息。這些現代群體約在一億兩千萬年前有一個共同的祖先。牠們現在主要生活在淡水環境中，但也可以在鹹水與海水中生活。鱷目動物的體型變化很大，從鈍吻古鱷（*Paleosuchus palpebrosus*）這種體長稍長於一公尺（三英尺）的小型凱門鱷，到體長超過八公尺（二十六英尺）、生活在鹹水環境的巨大河口鱷（*Crocodylus porosus*）。雖然鱷類是冷血動物（外溫動物），行動卻相當敏捷。所有鱷類都是捕食性動物，經常一動不動地等上數小時、數日，有時甚至達幾個月，讓獵物來到距離夠近的地方，好攫取捕捉。

占支配地位的爬蟲類

三疊紀出現的兩個主要爬蟲類群體，可以分成「鱷類支系」（包括波斯特鱷）與「鳥類支系」（包括恐龍）。波斯特鱷之類的動物嚴格來說並非鱷類，但牠們與鱷類有著共同的祖先。這個群體在中生代的多樣性極其驚人：有體型巨大的頂級捕食者與食腐動物，也有行動迅速、體型比靈緹犬大不了多少的小型物種。有些是兩足動物，有些仍以四肢行走。其中也有植食動物，用盔甲和比棒球棒還長的大型防禦尖刺來保護自己。另一方面，鳥類支系則包括所有與鳥類的親緣關係比鱷類更密切的動物，其中有恐龍，以及最早具有飛行能力的脊椎動物，即翼龍。

鱷類支系與鳥類支系一起被稱為主龍類，意為「占支配地位的爬蟲類」。瞭解主龍類的演化關係，是古生物學非常重要的工作。牠們不但構成中生代最豐富也最令人興奮的動物，今日仍繼續在世界各地繁衍生息。

三疊紀的翻轉

到三疊紀末期，史上規模最大的五次大滅絕之一，摧毀了這些鱷類的古代親戚。一般認為，這次大滅絕是由盤古大陸中央的火山

爆發所引起的。就如二疊紀末期的西伯利亞,世界的這個部分被數百英里的熔岩流淹沒,覆蓋了現在非洲、巴西與西歐的部分地區。這些火山爆發事件改變了氣候,由於食物網被破壞,造成世界各地物種的消失。

在這場浩劫中,除了一個分支以外,所有的鱷類支系都被消滅了。隨著主要競爭對手被清除,恐龍迅速繁殖,繁衍出形狀與體型都讓人難以想像的物種,占據侏羅紀的每一塊大陸。鱷類支系在侏羅紀與白堊紀的表現仍然很好,演化出類似於現今鱷類的半水生動物,也有海洋物種。直到很久以後,這些群體才被篩選出來。現在,這些以四肢爬行的動物潛伏於河流與水坑裡,靜靜等待毫無戒心的獵物,把牠們拖向死亡。

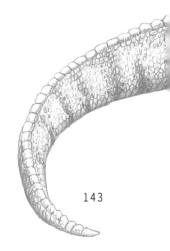

143

蚯蚓 — 土壤工程師

蚯蚓是地球的地下工程師。由於牠們柔軟的身體很少化石化,因此牠們的漫長歷史難以追溯,然而遺傳學領域正在揭露牠們的演化祕密。隨著盤古大陸在三疊紀晚期解體,蚯蚓被分成兩個主要的群體,從那時起就各自在家鄉的肥沃土地上工作。牠們循環利用土壤養分,創造了幾乎所有生態系的基礎,以及我們所知的現代農業。

地球上也許沒有哪種動物像蚯蚓那樣不受重視。蚯蚓是環節動物,該群體還包括沙蠶與蛭類。蠕蟲的化石紀錄非常少,因為牠們柔軟的身體比深具堅硬骨架的動物更不容易被保存下來。最古老的環節動物化石大約有五億兩千萬年的歷史,但目前還沒有已知的蚯蚓化石。事實證明,要弄清楚這些生活在土壤裡的物種在何時、如何與何處演化是非常棘手的,但我們現在知道,不起眼的蚯蚓是從三疊紀晚期開始在地球上工作。現今的蚯蚓有六千多個物種,牠們的活動讓牠們成為關鍵性的陸地生態系工程師;牠們會鬆土,將植物物質從地表拖到洞穴深處,並讓動植物取得營養物質。牠們的出現改變了土壤的肥沃度,如果沒有牠們,我們的世界很可能會變得非常貧瘠。

身為沒有腿的小型土壤居民,蚯蚓需要很長的時間才能到達新的棲息地。牠們幾乎出現在世界的每個角落,這意謂牠們有非常長的演化歷史。藉由分析蚯蚓的遺傳物質,科學家發現,現代物種主要可分為兩個群體:南半球常見物種與北半球常見物種。科學家已經將這種分裂追溯到盤古大陸的分裂,即三疊紀期間。也就是說,現代蚯蚓的演化時間差不多與最早的恐龍相同。

這些絕妙的動物不只是一個軟綿綿的管子而已。蚯蚓的身體是由節所組成的,每個節都有自己的神經系統與整體互相連接。牠們的循環與消化系統貫穿整個身體,呼吸則是藉由濕潤敏感的皮膚來進行。即使是因為人類輕輕一碰而接觸到的鹽分,對牠們也是有毒的。牠們沒有眼睛,但皮膚細胞可以偵測到光線。蚯蚓是雌雄同體,同時擁有雄性與雌性的性器官。雖然大部分物種都可以舒適地

不起眼的蚯蚓(*Lumbricus*),例如圖中這隻,在處理土壤之際也操控著整個生態系。

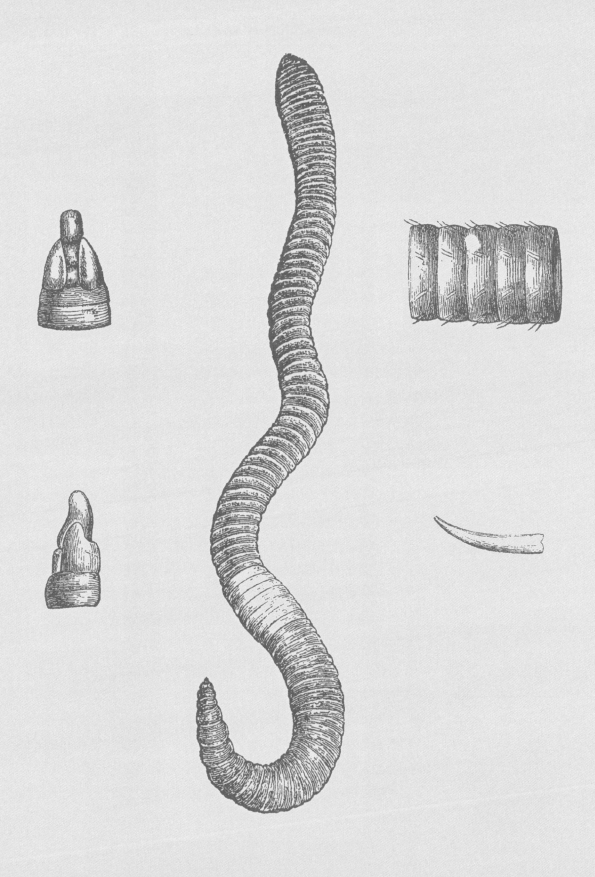

盤繞在你的掌中，牠們的體型差異其實很大，從最小的一公分迷你型，到長達三公尺（十英尺）的巨大型都有。蚯蚓是許多動物的獵物，包括人類在內。在毛利文化中，有些蚯蚓被視作美味佳餚，稱為「noke」。這些蚯蚓原本是酋長的食物，現在則成為時尚的野生食物，流行起來。這些動物儘管毫不起眼，卻擁有古老的血統，而且還在具生物多樣性的地球上占據核心的地位。

**擴散抑或
地理分隔**

對生物生活在哪裡，以及牠們如何抵達的研究，被稱為生物地理學。動物可以藉由行走、游泳或爬行，從一個地方傳播到另一個地方（稱為擴散），或者動物族群可以因為物理因素如板塊構造運動，而被分割或拉開（稱為地理分隔）。後者是蚯蚓最終出現在每個大陸的原因。許多動物的系譜圖，都可以用改變的地理環境來解釋。當一條河流形成或是一座山脈向上推升時，分界線兩側的族群不再雜交。天擇對每個群體的作用方式不同，導致新的動物往往與牠們的共同祖先大不相同。

儘管看似不可逾越的障礙，但動物到達新大陸的另一個方法是「漂流」。這是指大塊的土壤離開原本的地方（也許因為洪水或嚴重的風暴），然後漂流到海上。它們就像救生筏，被洋流帶到新的海岸，任何在旅途中倖存下來的居民也跟了過去。這就是一些動物抵達孤立島嶼的方式。有人建議用漂流筏運來解釋蚓蜥這個土棲群體的生物地理學；蚓蜥是外觀狀似蛇的無腳蜥蜴。有些動物也可以被鳥爪帶到新的土地上，特別是以未孵化的繭的形式。

生態系工程師

蚯蚓改造土壤，就像小犁一樣。這個鑽入土層的過程被稱為生物擾動。儘管蚯蚓的這個動作並非蚯蚓獨有（所有會挖掘的動物，從蝦到兔子，都是生物擾動者），但牠們的全球分布可能讓牠們成為最重要的動物。在地球的歷史上，新型的生物擾動者有時會在海洋與陸地上演化出現，往往會徹底重塑食物網，完全改變生態系。

達爾文曾經讚揚這些蠕蟲，因為他意識到牠們對於創造健康的

土壤非常重要。這些蠕蟲被稱為土壤工程師，牠們的存在會影響到土壤本身的特性。牠們會混合不同的地層，為空氣與水的循環開闢通道。牠們將考古遺跡掩埋起來，又讓這些遺跡再次出現於地表。蚯蚓對世界各地的人類農業都非常重要。在南美洲，濕地與森林地區的蠕蟲會製造出高於水位的土丘，形成新的棲息地。當原住民打造外型類似的種植苗圃時，蚯蚓就會進入其中，分解土壤，讓土壤更加肥沃。

　　儘管蚯蚓具有不可思議的重要性，人類對牠們往往不夠重視。許多為了提高收成而添加的土壤肥料會殺死蚯蚓，結果降低牠們本應改善的土地的長期健康。這種作法幾乎消滅了罕見的吉普斯蘭大蚯蚓（*Megascolides australis*），這是一種長度可達一公尺（三英尺）的巨型蚯蚓，為澳洲原生種。據估計，由於蚯蚓持續不斷的工作讓地球土壤變得肥沃，適合農作物生長與牲畜放牧，地球上每個人都得到大概七百萬條蚯蚓的實質支持。

侏羅紀

侏羅紀是史前的代名詞，然而，儘管它幾乎與恐龍劃上了等號。這個時期對許多動物群體的歷史來說，都是絕妙驚人的時期。它持續了五千六百萬年，在三疊紀末期大滅絕事件後重新開始。隨著超大陸的分裂，它創造了我們終於可能稱為「現代」的生態系（儘管當時有體型龐大的爬蟲類居民）。

侏羅紀始於兩億一百萬年前，一直持續到白堊紀開始。勞亞大陸與岡瓦納大陸這兩個主要大陸，在整個時期繼續分裂。全球海平面開始上升，新形成的海洋產生了數百英里的淺海與沿海棲息地，改變了全球氣候。侏羅紀的世界在陸地與海洋都很溫暖，比現今世界更高的二氧化碳含量造成了溫室效應。在海洋中，隨著第一批鈣質浮游生物的出現，海洋化學發生了狀態的轉變。這些微小的浮游生物，利用大氣與海洋中的碳來建構身體，穩定了地球的生物化學，減少了環境變化對海洋世界的影響。

侏羅紀對許多動物家族來說，都是一個不可思議的時期，許多至今仍然存在的動物群體，在這個時期出現在地球上。真正的螃蟹演化出現，成為海洋與淡水中許多動物的主食。海洋爬蟲類，利用魚類與海洋無脊椎動物如箭石與菊石等的爆炸性成長，同樣達到多樣性的顛峰。在陸地上，針葉樹成為全世界最主要的成林植物。它們的粗樹枝，懸掛在由蕨類與狀似棕櫚的本內蘇鐵所形成的下層植物上方。在這些植物之間，新的恐龍群體繁衍生息。隨著鱷類支系的爬蟲類從頂端位置被打落，恐龍便有了空間，演化成各式各樣的大小與形狀。牠們龐大家族的三個分支確立了：脖子長長的蜥腳下目恐龍、體型較小的植食鳥臀目恐龍，以及兩足的獸腳亞目恐龍。最早的鳥類，從獸腳亞目演化出現，成為現代生態系的核心組成。

天空活躍起來

在侏羅紀開始之前，昆蟲是唯一演化出動力飛行能力的動物。自石炭紀以來，昆蟲就成群地在天空飛舞，牠們唯一的空中捕食者是體型較大的昆蟲親戚，例如蜻蜓。然而，在三疊紀末期，脊椎動物開始向天空追趕牠們。翼龍是與恐龍有親緣關係的飛行爬蟲類。牠們最早出現在三疊紀晚期，但是在侏羅紀，則從在林間拍打翅膀的小型鈍頭動物，演化成生活在許多棲息地的物種，以小昆蟲、魚類及其他爬蟲

類或哺乳類等諸多動物為食。

在侏羅紀後期，另一個群體的爬蟲類加入翼龍的飛行行列。有些小型的有羽毛恐龍將前肢的長羽毛展開，形成了翅膀。豐富的飛行昆蟲食物，可能鼓勵翼龍與恐龍（以及後來的蝙蝠）等動物飛上天空。侏羅紀是蝴蝶與甲蟲最早出現的時期，牠們增加了空中的菜單——以及大自然色彩斑斕的藝術性。地球生命一直是複雜而令人屏息的，但是在侏羅紀，生命開始呈現出我們今日看到的豐富色彩。

突如其來的豐盛

儘管恐龍是侏羅紀最引人注目的居民，但遠非最重要的一員。第一批真正的哺乳動物在這個時期開始蓬勃發展，最早的現代兩棲類、蜥蜴與龜也是如此。其中許多以新形態的昆蟲為食，包括甲蟲、象鼻蟲、跳蚤、竹節蟲與蛾。

在研究生物體時，研究人員會建構系譜圖，稱為系統發生。系譜圖概述了生物之間的關係，告訴我們哪些生物有密切的親緣關係。在侏羅紀，新物種的突然出現打破了生命的系統發生，就像花園耙子上的尖刺向外輻射一般。長久以來，科學家一直想要瞭解，是什麼原因觸發了這種突然的物種增加。自十九世紀初以來，化石出土的速度不斷加快，但是關於侏羅紀現代動物群體的起源，仍存在許多未解答的疑問。這個時期的中段是個謎，因為地質情況突然轉變，少有化石保存下來。儘管如此，地質情況本身卻暗示了侏羅紀演化模式的解釋。盤古大陸的破裂可能孤立了動物族群，讓天擇以獨特的方式改變牠們。新的棲息地與氣候，為動物開闢了可以爬行、飛行與奔跑的新生態區位，也為牠們的生存帶來挑戰。正如地球歷史上經常發生的，地球本身的活動力與動植物演化的模式，有著本質上的關聯。

古鱗蛾 ─ 最早的蝴蝶與蛾

昆蟲已經展翅飛翔了數千萬年，但是在侏羅紀，最迷人的昆蟲出現了。蝴蝶與蛾的祖先，比方蜜蜂大小的古鱗蛾，在侏羅紀開始在這個世界穿梭。蝴蝶是天擇中最美麗的產物，不僅形成生態系中非常引人注目的一員，也為世界各地的藝術與詩歌帶來靈感。

古鱗蛾（*Archaeolepis*）是在一億九千萬年前生活在現今英格蘭南部的昆蟲，長度只有一公分多。雖然只有精緻的翅膀保留下來，但足以展現出這種小型昆蟲的重要性：牠是已知最古老的蝴蝶。這些昆蟲的作用不只是讓世界變得更加美麗而已：牠們是重要的傳粉者，也是其他動物的食物來源。化石研究告訴我們，蝴蝶與蛾廣泛使用的擬態與偽裝，是昆蟲最古老的防禦手段之一。

蝴蝶與蛾都屬於鱗翅目動物。牠們是現代世界最顯眼多樣的昆蟲群體，除了南極洲以外，各大洲的每個棲息地都有其蹤影，牠們的化石紀錄卻相當不完整。針對其遺傳物質的研究顯示，最早的鱗翅目動物是在三疊紀晚期演化出現，但化石很少，因為牠們的身體在死後很容易被扯斷，也會迅速分解。因此，被埋葬在侏羅紀早期泥土中的古鱗蛾非常罕見。牠的翅膀上覆蓋著微小的鱗片，這是所有鱗翅目動物的共同特徵。在過去幾十年間，中國曾有新的蝴蝶化石及蛾化石出土，其中包括完整的身體，以及幼蟲、繭與毛蟲吃過的葉子。

蝴蝶與植物之間的夥伴關係很普遍：花蜜中富含能量的糖，為昆蟲提供大力拍打翅膀所需的燃料，而牠們的幼蟲以植物的葉子為食。現今蝴蝶與蛾的種類超過十八萬種，而且大多數都與開花植物關係密切。這些親密的依賴性，一直要到白堊紀開花植物演化出現後，才逐漸普遍。在侏羅紀，鱗翅目動物直接用顎吃植物，或以能吸吮的管狀器官吞食裸子植物分泌的含糖花粉滴。許多蝴蝶與花朵共同演化了很長一段時間，蝴蝶對授粉非常重要。從卵到毛蟲再到成蟲，牠們是哺乳類、鳥類與小型爬蟲類等成千上萬種動物的重要

天幕枯葉蛾（*Malaco-soma neustria*）是地球上超過十六萬種蛾的其中一種。

獵物。幾世紀以來，毛蟲蛻變成蝴蝶的神奇過程俘獲了人類的想像力，讓牠們成為轉變的象徵——通常是正面積極的，但有時也是可怕驚悚的。

研究美學

在昆蟲中，蛾與蝴蝶最受研究人員的關注，可能是因為牠們本身不僅很有趣，也非常漂亮。因此，我們對蛾與蝴蝶的瞭解，比其他昆蟲群體都來得多。蛾與蝴蝶的體型變化很大，有比米粒大不了多少的迷你蛾類，也有翼展幾乎與打開的平裝書一樣寬的大型皇蛾（*Attacus*）。雖然以歡快飛舞而聞名，有些物種如弄蝶，飛行速度可以達到每小時五十公里（三十英里）。長喙天蛾（*Macroglossum*）不但飛行速度快，拍打翅膀的速度快如蜂鳥（英文俗名 hummingbird moth 就是因此而來），讓牠能在採食花蜜時維持身體的位置。

帝王斑蝶（*Danaus*）以驚人的遷徙而聞名。每年隨著季節變化，數以千計的蝴蝶在太陽位置、地貌或地球電磁場的引導下，從墨西哥飛到美國北部，距離超過四千公里（兩千五百英里）。大多數蝴蝶為晝行性動物，但夜行性的種類甚至可能受到星辰的引導。蛾一般在夜間飛行，氣味對牠們的溝通與尋找配偶非常重要。有些鱗翅目動物甚至用聲音來尋找配偶並躲避捕食者。燈蛾會發出喀嚓聲來迷惑蝙蝠，其他種類則能聽到蝙蝠發出的超音波，藉此躲開天敵飢餓的大嘴。

狡猾的偽裝

地球上的許多生物會利用偽裝與擬態，來保護自己免受捕食者傷害。蝴蝶與蛾利用偽裝與周圍的環境融合，或是利用擬態模仿更危險的東西，藉以突顯自己。牠們的翅膀與身體覆蓋著鱗片，就像鋪了瓦片的屋頂，鱗翅目動物的名稱來自古希臘文，指「有鱗的翅膀」。這些鱗片的表面複雜，藉由色素或結構，達到光線衍射或改變光線的作用，創造出不同的顏色。

擬態的演化是天擇發揮作用的例子。當子代自然形成不同花紋

時，比較難被發現，或是看起來像不可食用物種或捕食者的個體，便具有生存優勢，並將牠們的基因及色彩傳遞給後代。隨著時間推移，這可能導致一個動物族群的外表大幅改變，形成我們今日在周遭看到的一系列驚人圖樣。有毒的蝴蝶與牠們的幼蟲，經常以大膽的圖案和鮮豔的色彩來宣告自己的危險性。毛蟲通常是綠色或褐色的，這幫助牠們隱身在樹葉之間，但成蟲也可能長得很像植物以避免被發現。我們在昆蟲化石中也可以觀察到這樣的現象，包括現代會模仿樹葉的螽斯與竹節蟲的古代親屬。出土於中國侏羅紀岩層的長翅目動物化石，則會模仿銀杏的葉子；銀杏在侏羅紀為常見樹種。

蝴蝶最具代表性的伎倆，就是在翅膀上有眼斑，模仿大型捕食者的眼睛。牠們並非唯一使用這種伎倆的動物：中國出土的脈翅目山麗蛉（*Oregramma*）化石，在一億兩千五百萬年前也用了幾乎相同的眼斑圖案，來愚弄侏羅紀的恐龍和翼龍。人類甚至從蝴蝶偽裝與擬態的課題中受益，學會在牲畜與自己身上塗上眼斑，以免受到捕食，比如在非洲、印度等獅子、豹及老虎經常攻擊的地區，就有這種情形。在牛羊的臀部畫上眼斑，或是在後腦勺戴上面具，都能騙過試圖從後面偷襲捕食的貓科動物。對動物偽裝與擬態的研究，幫助人類發展出衣物上的偽裝圖樣，還有以鱗翅目動物的翅膀鱗片為基礎的新技術與新材料。

翼手龍 ─ 最早飛上天空的脊椎動物

翼手龍是生活在侏羅紀的翼龍。這些會飛的爬蟲類，是最早掌握空中生活訣竅的脊椎動物飛行員。牠們可能是溫血動物，適應性非常高，以至於能在整個中生代繁衍生息，進入每一個棲息地，開創鳥類與蝙蝠最終跟進的生活。

翼手龍（*Pterodactylus*）生活在一億五千一百萬年至一億四千七百萬年前的歐洲。牠的體型相當小，翼展為一公尺（三英尺），類似於游隼。翼手龍與鳥類不同，是一種翼龍，身上沒有羽毛，也沒有真正的喙──儘管可能在吻部末端有一個小小的角質突起。牠的頭骨很長，有牙，頭頂有雙冠，像莫希干人一樣從吻部往上延伸。冠可能有鮮豔的顏色，藉此吸引配偶或恐嚇對手。翼手龍以無脊椎動物和小型動物為食，如哺乳動物及蜥蜴。翼龍是第一種演化出動力飛行的脊椎動物，與後來的恐龍和哺乳動物相比，有著獨一無二的演化方式。

翼龍經常被錯誤地稱為「翼手龍」，但翼手龍只是生活在中生代一百五十多種翼龍的其中一個物種。牠們不是恐龍，但與恐龍有著共同的祖先。雖然翼龍會飛，卻與鳥類沒有關係，不過牠們可能是溫血動物（內溫動物），手臂上有強大的飛行肌。翼手龍是第一個在十八世紀被鑑定的翼龍物種；然而，由於最早的標本沒有保留軟組織，人們花了一些時間才意識到這種動物具有飛行能力。目前已有多具保有翅膀皮膚（即所謂的膜）的翼龍化石出土。

翼龍出現在三疊紀，於六千六百萬年前與恐龍同時滅絕。牠們經常被描繪成類似蝙蝠或蜥蜴的樣貌，但實際上既不是蝙蝠也不是蜥蜴。蝙蝠的翅膀很薄，在多個手指之間伸展；翼龍的翅膀更堅硬，以單一延長的第四指支撐，其餘部分的手則位於翅膀前緣，在行走時可用上。有證據顯示，翼龍身上可能長滿所謂「密集纖維」的小細絲，這可能讓牠們摸起來有絨毛感。翼手龍之類的動物會產卵，這些卵可能柔軟且質地類似皮革。幼翼龍的化石亦曾出土，但科學家無法確定幼仔從親代處獲得了多少照顧，或者是否孵化後不久就

這幅古老的繪畫呈現的是翼手龍；牠是迄今發現第一種會飛的爬蟲類，或稱翼龍。這是目前全球已知的一百五十多種翼龍的其中一種。

得自食其力。

我們起飛了！

翼龍飛行的演化過程（就如昆蟲、鳥類與蝙蝠）仍然不是很清楚。我們很難追蹤動物是如何從地面或樹棲的祖先，演變成生來就能飛行的動物。不僅翼龍飛行的起源不明，其機制也不清楚。人們曾經認為，白堊紀最大的翼龍之所以能停留在空中，是因為當時的大氣組成不同，但這是不正確的，因為相形於牠們的身體大小，這種大氣的差異小到不可能有任何影響。在過去三十年間，研究人員利用工程師製造高效飛行器的數學方程式，來研究翼龍的飛行。我們現在認識到，這些動物具有強有力的翅膀與胸肌，一旦升空，會運用與現今鳥類相同的升力特性，在氣流中拍翅翱翔。

一個更具挑戰性的難題是，翼龍到底是如何從地面讓自己升空。大多數鳥類都是利用腿部肌肉向上蹬，跳起來飛行，而像天鵝這樣的大型鳥類，則可能在起飛前先助跑以加快速度。翼龍的腿並不強壯，可能無法奔跑，因此在很長一段時間裡，一般都認為牠們會找到高地或爬上樹，躍起並運用熱氣流讓自己飛上天空。不過，新的研究顯示，翼龍同樣利用用於飛行的前肢肌肉與胸肌，來讓自己升空。就像快速的伏地挺身，牠們把自己往上推（利用四肢升空），然後拍翅離開。降落在地面覓食的現代蝙蝠，如吸血蝙蝠，也是運用這種方法。

**穿越時空的
翼龍**

翼龍隨著時間而有很大的變化。最早在三疊紀演化出現的第一批翼龍，有長長的尾巴與滿是牙齒的顎。牠們可能善於攀爬，在地面上的活動力較差，因為牠們的翼膜與腿相連。後來到了侏羅紀，有些翼龍的尾巴變短，翼膜變少，而且頸部變得更長。有些翼龍則發展出巨大的後彎牙齒來捕魚，但是到了白堊紀，有些翼龍的牙齒完全不見了。不同的翼龍會吃的食物也不一樣：有扁臉的小型食昆蟲者，也有大型肉食者。許許多多以魚類為食的翼龍演化出現，從在靠近水面處啄魚吃的沿海覓食者，到能夠潛入較深處捕食魚類的

潛水者。甚至也有將貝殼敲破覓食的，或是吃果實與種子的翼龍。牠們填補了地球上每一個可供利用的生態區位。

體型最大的翼龍，在最後才演化出現。白堊紀末期的神龍翼龍著實為龐然大物，許多和長頸鹿一樣高，翼展超過十公尺（三十英尺）。牠們可能是食肉動物，大到足以吃掉任何東西，包括小型恐龍。牠們跟許多翼龍一樣，在行走時四肢著地，後腳平放在地上，翅膀折疊起來。如此一來，四肢在身體下方，就能相當舒服地行走。

翼龍的多樣性在白堊紀末期下降。目前仍不清楚為何會發生這種情形，但我們知道，當小行星在六千六百萬年前猛烈撞擊地球時，沒有翼龍倖存下來，後來就由鳥類接管天空了。

甲蟲 — 多樣性最高的動物

在侏羅紀，甲蟲突然出沒在深度時間的書頁上，在各地大快朵頤，留下閃閃發光的翅鞘。牠們的身影與聲音，為侏羅紀森林帶來生氣。演變至今，甲蟲是世界上最大的昆蟲類群，也是地球上幾乎所有生態系的基礎。

由於缺乏化石，甲蟲的起源尚且不明，但幾乎可以確定的是，牠們最早出現在二疊紀早期。三疊紀的甲蟲化石不多，大多屬於食木與食菌類。在侏羅紀，牠們開始承擔了今日扮演的許多角色，吃碎屑、吃植物、吃腐肉、回收糞便、獵食、寄生等，同時也是其他動物的食物。在這個時期，最早的金花蟲、吉丁蟲、叩頭蟲、糞金龜與象鼻蟲都出現了。稍後在白堊紀，甲蟲是第一批為花授粉的昆蟲，而且許多甲蟲至今仍然扮演這個角色。甲蟲化石甚至被發現保存在琥珀中，身上裹滿花粉，就像義式糖衣杏仁一樣。

除了兩極以外，每個棲息地都有甲蟲的身影。有些甲蟲在攝氏零下六十度（華氏零下七十六度）的低溫環境會進入休眠狀態（一種冬眠狀態）以利存活，利用能量儲存來維持生命。此外，牠們體內還有一種天然的防凍劑，防止冰晶在體內形成。在另一個極端，棲息在沙漠的物種可以承受攝氏五十度（華氏一百二十二度）這種會將其他生物殺死的炎熱高溫。甲蟲的身體構造，自侏羅紀以來沒什麼變化，牠們有稱為翅鞘的堅硬外殼，覆蓋在翅膀外面，就如保護性的盔甲。翅鞘原本是前翅，但為了這個新目的而經過修改，成為甲蟲的標誌性特徵。

甲蟲的形狀和大小範圍相當驚人，例如赫克力士長戟大兜蟲、鍬形蟲與兜蟲，有著外觀精巧的角，象鼻蟲則具有細長的吻部。按重量來看，最大的甲蟲是大角金龜（*Goliathus*）的幼蟲，體長超過十公分（四英寸），體重超過一百一十五公克（四盎司）。在天平的另一端，羽翅甲蟲的寬度，只有人類兩根頭髮的寬度（三百二十五微米或○‧三公釐）。牠們經常身披令人眼花撩亂的服裝，精湛地運用偽裝與擬態的技巧。甲蟲可以利用費洛蒙來溝通，這些化學物

甲蟲有成千上萬種形狀與大小，就如這些金龜子（左上）、擬步行蟲（右上）與鍬形蟲（下）。牠們在全球各地的生態系中都有不可或缺的重要性。

質的釋放可用來發出警報、尋找食物或求偶。甲蟲也會發出聲音，就如水步行蟲藉由摩擦發音來表達惱怒的信號，亦即摩擦身體各部位，以發出憤怒的唧唧聲響。

神愛甲蟲
————————

當被問及從自然史研究可以得到什麼關於神的結論，科學家霍爾丹（JBS Haldane, 1892-1964）開玩笑說，造物主「對甲蟲有一種超乎尋常的喜愛」。這個觀察相當中肯：甲蟲占了地球上所有動物物種的四分之一，迄今已有超過三十八萬種甲蟲被命名，但研究人員估計甲蟲實際的物種數量應在一百五十萬以上，其中大部分尚未被發現。

有許多理論可以解釋甲蟲這個令人瞠目結舌的物種數。牠們出現在地球上已經非常久，為天擇提供了充分的機會。在牠們的生命週期中，成蟲與幼蟲有所區別，因此不會相互競爭資源，這可能對牠們的存續有所幫助。哺乳動物自侏羅紀早期演化以來，一直是昆蟲的主要捕食者，而且許多哺乳動物仍繼續以昆蟲為食。這可能促使甲蟲適應並產生新的形式。對於像糞金龜這樣的群體來說，第一批巨型植食動物在二疊紀的出現，以及植食恐龍在侏羅紀與白堊紀的出現，可能以糞便的形式提供了新的食物來源與棲息地，並改變了植物生長的方式與區域。甲蟲具有令人難以置信的靈活性，可以占據不同的生態區位，讓牠們比較不容易遭受造成生命中斷的物種滅絕事件。

化石的顏色
————————

甲蟲是張揚的：牠們可以像金屬一樣閃閃發光，可以有虹彩，也可以發出冷光，甚至能發出紫外線信號。有些化石昆蟲以驚人的顏色保存下來，但這些可能不是牠們在現實生活中原本的顏色。針對化石化過程中顏色變化方式的研究顯示，原本的顏色會轉變成更長的波長。因此，紫羅蘭色的甲蟲在化石化過程中會變得更藍，藍色甲蟲則變得更綠。

顏色似乎是一種短暫的屬性，但可以透過組合的方式被建構到

生物體上。這些結構性顏色，是由光與材料的微觀表面相互作用而產生的。大多數甲蟲的翅鞘都有結構性顏色（就如許多蝴蝶的翅膀和鳥類的羽毛）。當一種材料根據觀察角度而呈現不同的顏色，是為虹彩，由多個薄層堆積在表面所造成，每一層對光線的反射略有不同。這可以在保存狀況特別好的昆蟲化石中看到，顯示出一些古老的物種具有虹彩或明亮的色彩。結構性色彩在甲蟲家族中出現過好幾次。出了生活環境的脈絡，牠們看來也許很明亮，但是在自然棲息地中卻能幫助牠們偽裝，譬如在雨林中閃閃發亮的樹葉之間。其他顏色則可以警告或迷惑捕食者，讓牠們有時間逃跑。牠們會向其他甲蟲發出交配的信號，甚至藉由吸收或反射光線來調節溫度。

閃閃發光的護身符

從古埃及的聖甲蟲護身符到亞洲流行的鬥甲蟲，甲蟲在人類文化中隨處可見。甲蟲的翅鞘被用作珠寶，甚至融入家具的製作。在墨西哥，活甲蟲胸針（ma'kech）是用鐵定甲蟲（*Zopherus*）來製作，在上面黏貼寶石，以小鏈子拴在婦女的衣服上。甲蟲可能是主要的農業害蟲，但也可能是我們的朋友，例如以蚜蟲為食的瓢蟲。牠們扮演回收養分、鑽入土壤與提供食物等各種角色，讓牠們成為生態系的關鍵，對今日地球上的生命非常重要。

始祖鳥 — 有羽毛的恐龍

恐龍主宰了中生代的生態系。在侏羅紀的森林中，有一種會拍打翅膀的動物，乍看之下像是一隻奇怪的烏鴉。始祖鳥全身長滿烏黑的羽毛，但擁有牙齒與帶爪的前肢。這是第一件證實科學家長期的懷疑的化石：恐龍是鳥類的起源。

侏羅紀末期，有種半似爬蟲類半似鳥類的動物，非常令人吃驚。牠不比渡鴉大，有著寬大的羽毛翅膀，長長的骨質尾巴與細長擅跑的腿也長了羽毛，就像牛仔愛穿的奇怪有鬚皮褲。雖然對我們來說有些熟悉，但回顧過去，這種生物對當時的世界卻是相當新奇，也就是鳥類的祖先。始祖鳥（*Archaeopteryx*）長長的吻部與滿嘴的小牙暴露了牠的爬蟲類血統；每隻翅膀的末端仍然有爪可以抓撓。始祖鳥是迄今發現最著名的一種恐龍，牠不僅讓我們對滅絕世界有進一步的見解，也提供對人類世界起源的洞察。牠告訴科學家，鳥類是從侏羅紀帶羽毛的小型爬蟲類演化而來。歸根究柢，恐龍並沒有消亡：我們的世界仍然充滿了恐龍。

自一八六一年以來，至少已經發現十一具始祖鳥骨架化石。牠們有時會與一圈羽毛一同被保存下來，看來就像岩石中的雪天使。分析這些羽毛裡的黑素體（容納色素的結構），我們知道始祖鳥的翅膀主要是黑色的。牠的大腦很大，聽覺與視覺也很發達，白天很活躍，會獵食甲蟲與蜥蜴等小型脊椎動物。

雖然外觀狀似鳥類，相較於現代的喜鵲，始祖鳥與牠的親屬跟恐龍姐妹的共同點還是比較多。許多恐龍群體都身披羽毛外衣，其他小型的非鳥類恐龍也有翅膀和叉骨。最近在中國出土一種名叫近鳥龍（*Anchiornis*）的化石，這種動物是目前最古老的鳥類近親。現代鳥類的祖先（新鳥亞綱）可能出現在大約九千萬年前的白堊紀晚期。這類動物被稱為過渡化石，或是「缺失的環節」──後者是過時的術語，以演化為一條直線的觀點為基礎。現實情況其實更加混亂，演化分支向各個方向發展，而且往往以滅絕告終。然而，這些化石的結構確實讓我們更瞭解鳥類特徵在深度時間的演變。

自一八六一年始祖鳥被發現以來，這種有羽毛的恐龍提供了毫無爭議的證據，證明鳥類是從恐龍演化而來的。

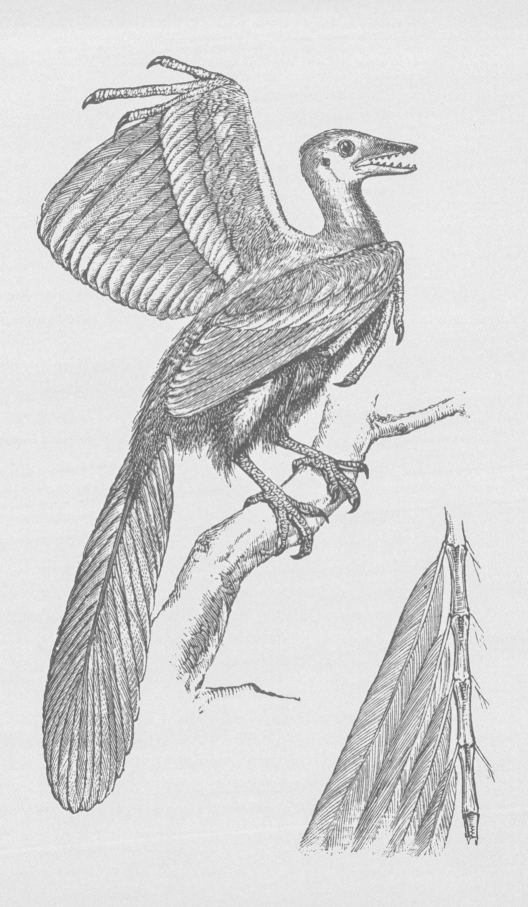

始祖鳥到底會不會飛，仍有諸多爭議。牠的羽毛結構讓牠產生升力，這是飛行的先決條件。始祖鳥有羽毛的腿，可能是伸展開來且當成翼來用的。類似的腿部羽毛，也出現在與始祖鳥親緣關係接近的非鳥類恐龍身上，如小盜龍（*Microraptor*）。如果真的能飛，始祖鳥比較可能是爆發型的飛行者，像雉雞一樣，無法長時間在空中停留。恐龍是繼翼龍之後，第二個演化出動力飛行的脊椎動物群體。

恐龍王朝

數世紀以來，中生代爬蟲類化石在世界各地都有出土。在歐洲出土的恐龍化石中，十九世紀第一個被科學家命名的恐龍，是來自英格蘭的斑龍（*Megalosaurus*），是一種狀似暴龍的大型肉食動物。從那時起，化石挖掘的重點已經從歐洲與北美洲轉移到中國、南美洲與非洲。據估計，近年來幾乎每一週都發布一種新的恐龍。

恐龍主要有三大類型：蜥腳下目恐龍是長頸長尾的巨型恐龍，以梁龍（*Diplodocus*）而聞名；鳥臀目恐龍包括身披盔甲的劍龍（*Stegosaurus*）與三角龍（*Triceratops*）等，以及鴨嘴龍，而且大多為植食動物；始祖鳥屬於第三類，即獸腳亞目恐龍，其他雙足肉食恐龍也屬此類。這三個主要演化分支生活在侏羅紀與白堊紀，在牠們存在的一億五千萬年間，是最多樣化也最成功的陸生動物。然而，只有一個分支的少數成員在白堊紀末的大滅絕中倖存下來：屬於獸腳亞目恐龍的鳥類。我們從牠們身上尋找有關其已滅絕親戚的生物學線索。目前已知，所有恐龍都是卵生，而且可能是溫血動物，具有良好的視力，有羽毛的物種可能像今天的鳥類一樣，有求偶展示的行為。關於這些已滅絕的生物與牠們所過的生活，仍有許多問題等待解答。

有羽毛的贗品

不時有人聲稱，始祖鳥之類的有羽毛恐龍化石是偽造的。關於這一點，有許多論點是因為對化石化的過程不瞭解所致，也有潛在個人理念與宗教信仰的原因；這些信仰，恰與演化機制促成地球生命多樣性的壓倒性證據互相矛盾。儘管如此，造假在古生物學中偶

爾也是一個問題。這些贗品通常是為了經濟利益被製作出來,有些情況卻是不同的化石碎片被黏在一起,或是偽造者使用人造的材料「創造」特徵。

　　最近最著名的例子就是「古盜鳥」(*Archaeoraptor*),這是一九九九年在中國宣布的所謂「缺失的環節」。儘管研究人員對其真實性表示懷疑,這件標本仍然在一次國際記者會上,作為最新的驚人古生物學發現,呈現在世人眼前,消息也在全世界廣泛流傳。專家對這件化石進行了更仔細的檢查,發現它就是個拼湊而成的贗品,其中有多種不同的恐龍化石與早期鳥類的親屬,排列成單一動物的模樣。經過仔細檢查,這類贗品通常會被抓包。X光掃描之類的技術對科學家特別有用,即使是最巧妙的欺瞞也會被揭穿。

白堊紀

白堊紀持續了八千萬年，是複雜生命出現以來、為時最長的地質時期。全球氣溫與海平面都在上升，陸塊繼續往外散開，帶走它們乘載的生物。在陸地上，一個最不可思議的新群體出現了：開花植物。它們在陸地上所有動物之間點燃了多樣性的煙火，這種變化規模之大，相當於生態革命。

白堊紀從一億四千五百萬年前一直延續到六千六百萬年前，以一聲巨響結束。在這段時間裡，氣溫逐漸升高，於九千萬年前達到最高溫。海平面仍然很高，比現在的水平約高出一百一十公尺（三百六十英尺），掩蓋了人們熟悉的大陸組成。南大西洋與印度洋誕生了，非洲北部、阿拉伯與歐洲被淹沒在特提斯洋之下，特提斯洋最終因為非洲向北漂移而閉合。原加勒比海淹沒了南美洲部分地區，北美洲則被富饒的海道分成三個部分。

白堊紀通常縮寫為「K」，來自德語的白堊「Kreide」這個字。在這個期間，這類岩石在歐洲各地的深度地層中沉積下來。分裂大陸之間增加的海洋循環，讓海洋富含了鈣質，助長浮游生物的繁殖。這些浮游生物死後沉入海底，在數百萬年間形成巨大厚實的冰白色岩層。對地球生命來說，這是個不尋常的時期。海洋爬蟲類在海中很常見，但鳥類也在利用海洋的豐富資源，演化出現的包括外觀狀似鸕鷀的黃昏鳥（*Hesperornis*）等潛鳥。當時的南極洲有茂盛的森林，恐龍與哺乳動物大量繁殖，牠們的骨骼除了位於大陸邊緣的那些以外，都被掩蓋在冰雪之下。恐龍達到鼎盛時期，其中有一些發展成有史以來體型最龐大的陸生動物。在牠們周圍，第一批鮮花與果實帶來的新契機，正在重新塑造著生命。

白堊紀的結束，也標示中生代的結束與非鳥類恐龍的統治告終。讓牠們及許多其他群體消滅的大滅絕事件，規模並不如二疊紀末期，卻是演化史上最具破壞性的五次滅絕事件之一。它終結了許多驚人的爬蟲類演化支系，讓演化在新生代到來之際交棒給了新手。

陸地上的革命

在一億兩千五百萬到八千萬年前這段時間，發生了一個不尋常的事件，稱為「白堊紀陸地革命」，許多新類型的鳥類、昆蟲、哺乳類與爬蟲類突然大量出現。這個改變世界的時刻，與第一批開花食物的演

化有直接的關聯。儘管恐龍演化受這一事件的影響較小，較小型的爬蟲類如有鱗目動物（蜥蜴與蛇）卻重新繁榮起來。現代哺乳動物群體最早的成員，在結果實的樹枝間攀爬，周圍的傳粉者則忙著收集甜美的花蜜。在地球演化史上，陸地上的生命多樣性第一次超過了海洋。

植物是食物網的基礎，因此對其他生物的演化有著不可估量的影響。開花植物為昆蟲提供花蜜與花粉的獎勵，而昆蟲又為更大型的動物提供食物。第一批蜜蜂在這個甜蜜新世界嗡嗡飛舞，其他社會性昆蟲也出現了，將自己組織成群，建造出防禦工事，保護自己免受掠食者與寄生蟲的侵害。現在，這些都是生命星球的重要自然工程師。現代哺乳類的祖先首次出現在白堊紀，但牠們仍生活在較大型親屬的陰影之下。大滅絕事件與生物世界的重新排序，創造了現代哺乳類能溜過去的開口，長成我們現在所見令人眼花撩亂的形式。

小行星撞擊

在白堊紀的最上層，有一層最清晰的地質界線：一層銥，一種在地球上並不常見的元素。這些銥來自六千六百萬年前，發生於墨西哥猶加敦半島海岸的一次災難性小行星撞擊事件所產生的塵埃。這是所謂的「K-Pg 界線」，即白堊紀－古近紀界線（舊名 K-T 界線）。撞擊事件的地點是現在的希克蘇魯伯鎮，被證明是一個致命的著陸點。該地下方為富含石膏的岩石，含有硫酸鹽。小行星撞擊的衝擊波造成森林火災與海嘯等直接影響，硫酸鹽也被釋放到大氣中，形成硫酸雨。破壞性的影響瓦解了陸地與水中各個層次的生態系。

白堊紀的結束是地球演化史上最著名的標點符號，是抹去幾乎所有恐龍的大滅絕。鳥類（現存的恐龍後代）倖存下來，一些哺乳動物也是，而且兩者在過去六千六百萬年間都蓬勃地發展。白堊紀末期還有許多其他損失：許多脊椎動物與光合作用植物，都被塵埃與核冬天的嚴寒所擊潰。翼龍、海洋爬蟲類與菊石永遠消失了。遺留下來的動物建立了新的食物網，其中哺乳類與鳥類扮演起重要的角色。那一刻，塑造了我們所熟知的世界。

古果 — 開花植物的崛起

在白堊紀，第一批花朵像裝飾五月花王一般，為地球戴上花環。古果是其中一種植物，不起眼的它生長在水邊，開著微小的花朵。從這樣的植物中，花蜜與果實的獎勵被分發給昆蟲與其他動物，形成新的關係，以換取授粉與種子傳播，也點燃生物多樣性從上到下的爆炸性成長。這些神奇的植物支撐著世界各地的文明，繼續為我們和許多其他動物提供食物。

大約一億兩千五百萬年前，在一個潮濕的森林池塘岸邊，生長著古果（*Archaefructus*）的嫩綠莖幹。尖尖的小花排列在頂端，之後會膨脹成迷你果實，形狀、大小跟米粒差不多。莖上的葉子每隔一段距離就平行向外伸展，根部很簡單，形狀適合水生環境的生活。這種白堊紀世界的低調居民，很容易被屈身在閃閃發亮的池子裡大口喝水的巨大植食恐龍踩在腳下。古果看來不起眼，卻標示著一個五彩繽紛的演化時刻：它是最早的開花植物之一。在此之前，地球上沒有花；在此之後，生命出現了花朵的鮮豔色彩。

古果出土於現今中國東北部的岩層。這些保存狀況絕佳的化石，讓我們確定它在生命史上的關鍵地位。開花植物稱作被子植物，今天預估有四十萬個物種，占地球植物群的八〇％。最早的被子植物可能很難識別。古果和此時期的其他植物一樣，缺乏明顯的花瓣、萼片或其他可和現在的花朵聯繫在一起的特徵。這些早期物種主要生活在湖泊與溪流中或周圍。它們與其他主要的種子植物群體（即裸子植物）不同，會開花與結果。許多植物能夠在一年內從種子發育到開花——有些如擬南芥（*Arabidopsis*），甚至可以在幾週內完成這個過程。

開花植物的迅速崛起與傳播，從根本上提高了生態系的生產力。整個營養循環與水循環都被改變了。在整個白堊紀，它們取代了原有的下層植被，最終推翻裸子植物的地位，成為地球上大片地區的主要樹木。這引發了白堊紀陸地革命，進而推動現今地球上幾乎所有動物群體的演化。

古果的小花是地球上最早的花朵之一。像這樣的開花植物，改變了我們的地球——沒有它們，我們就無法生存。

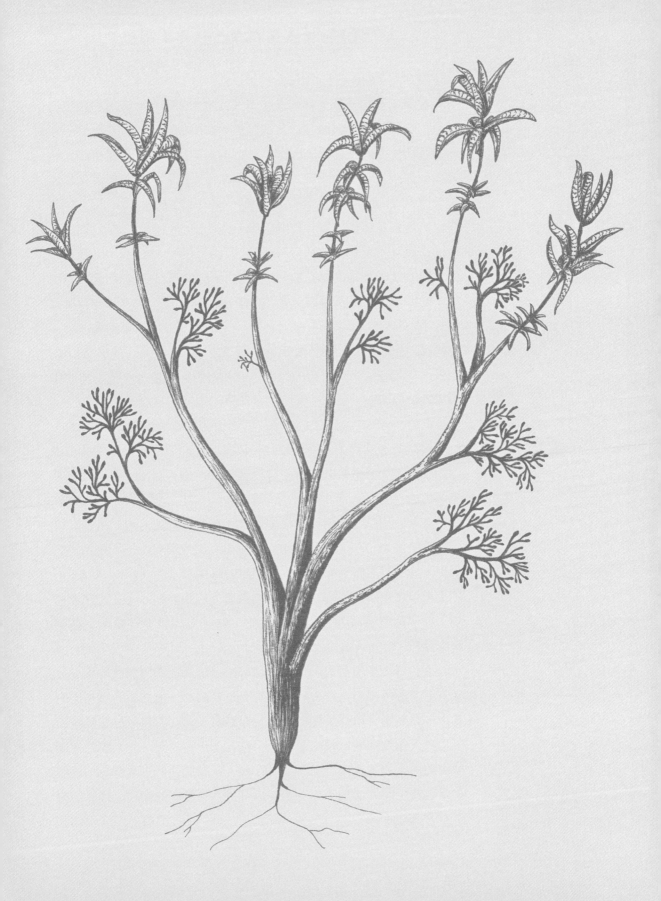

**感受果實的
魅力**

————————

花與果實對其他生物的演化有著非常大的影響，尤其是透過與其他生物形成傳粉與種子傳播的關係。最早的陸地植物和藻類，利用游動的精子進行繁殖，而裸子植物則是利用風，以花粉的形式將精子散播出去。另一方面，大多數開花植物倚靠昆蟲、鳥類與哺乳類等傳粉者，將花粉從一朵花帶到另一朵花。開花植物會利用顏色、香氣，或是花蜜和果實等獎勵來吸引傳粉者，完成它們自己無法完成的任務。

儘管被子植物出現在白堊紀早期，但直到白堊紀末期大滅絕以後，它們才對現代鳥類與哺乳類的新物種變得特別重要。肉質果實的大小隨著時間推移而波動，與森林棲息地的擴增和萎縮相吻合。在德國的梅塞爾坑，出土數百件保存狀況良好的化石，都是生活在四千七百萬年前、古近紀的動物。這些化石包括至少十種不同的食果哺乳動物，顯示這個生態區位在當時已經變得非常普遍。

建立在花上

————————

現代人類的農業完全倚賴開花植物。從你早上的第一杯咖啡到你的晚餐，大多數都是用被子植物製成的。截至目前為止，對我們最關鍵的是禾本科植物，包括大麥、玉米、稻、燕麥與小麥，此外還有葫蘆科植物（如南瓜與夏南瓜）、薔薇科植物（包括大多數果樹如蘋果與李子）、茄科植物（如甜椒、馬鈴薯與番茄）與柑橘類水果。其中許多有著多種用途，例如可可椰子（*Cocos nucifera*），不僅可以食用，也能用來製作衣料纖維、建築材料、器皿與珠寶首飾。除了作為我們可以食用的植物，開花植物也是牲畜的主要飼料來源。

演化心理學家認為，有些花朵可能是因為人類對美感的追求而被賦予了演化優勢。在人類最早的農業實踐中，被認為有吸引力的花朵，在開墾時可能被保留下來，因為看了賞心悅目而讓它們繼續生長。人類種植觀賞性花朵，至少有五千年的歷史——人類的近親尼安德塔人的墳墓中甚至也發現花粉，意謂著他們也喜歡花。這種美學特質可能促成某些花卉的傳播與另一些花卉的犧牲，最終影響

了它們的演化。這本書印刷所使用的紙張，很可能也是由被子植物所製成的。

蜜黃蜂 — 蜜蜂的起源

蜜黃蜂是地球上最早的一種蜜蜂。這些重要的傳粉者是從黃蜂演化而來，其身體結構的變化與開花植物的演化步調一致。最早的蜜蜂體型很小，後來慢慢發展成我們今日所知的複雜群居昆蟲。牠們以花蜜為能量來源，可生產濃郁柔滑的蜂蜜，對人類的農業非常重要，但牠們卻面臨不確定的未來，而且可能為我們所有人帶來毀滅性的後果。

漂浮在金色琥珀之中的蜜黃蜂（*Melittosphex*）是古蜜蜂的化石。這種體長只有三公釐左右的小型昆蟲，生活在一億年前炎熱的熱帶森林中。牠的頭部呈心形，腿又長又細。後腿上岔出的短「毛」被認為是用來收集花粉的——事實上，在牠的腿與頭上都還可以看到花粉粒。蜜黃蜂是世界上最早的傳粉者之一。

蜜蜂為植食動物，但牠們是從食肉的胡蜂演化而來。蜜黃蜂同時具有這兩個群體的特徵，這使牠成為將兩個群體連結在一起的重要過渡化石。蜜蜂與胡蜂都是膜翅目動物，這個群體的昆蟲也包括螞蟻和葉蜂。膜翅目動物最早可能在二疊紀就出現了，但牠們的化石紀錄很少。蜜黃蜂的化石告訴科學家，到了白堊紀，我們與蜜蜂聯繫在一起的特徵已經出現，揭示牠們的演化路線。早期的蜜蜂體型極小，這是可以預期的，因為早期的花同樣很小。與蜜黃蜂一起留在琥珀沉積物內的化石花，只有一到六公釐寬。這類傳粉者的起源與第一批開花植物的演化，本質上是密切相關的。

雖然我們大多數人都熟悉產蜜的蜜蜂與熊蜂，但是已知的蜜蜂其實有超過一萬六千種，分布在南極洲以外的每一個大陸上。有些像蜜黃蜂一樣小，例如精蜂屬（*Perdita*），而華萊士巨蜂（學名 *Megachile pluto*）的長度可以達到將近四公分（一・五英寸）。人們常說，蜜蜂不應該會飛行，因為牠們的身體構造不符合空氣動力學定律，但這是一種錯誤的觀念，源自於對其飛行機制的誤解。我們現在已經知道，牠們的拍翅動作極短也極快，每秒拍打約兩百三十次。有些蜜蜂有用於防禦的刺。牠們與胡蜂不同，通常與勤奮、合作等積極特質聯想在一起。在埃及神話中，蜜蜂是從太陽神

蜜蜂是最重要的傳粉者之一，牠與植物的關係可以追溯到白堊紀。

拉的眼淚中誕生的。

珍貴的傳粉者
————————

蜜蜂是世界上最重要的傳粉者。最早的花朵可能是由其他昆蟲授精的，如甲蟲。不過，隨著蜜蜂與花朵之間獨特關係的演化，牠們被塑造成植物繁殖的指定信使。為了完成任務，牠們有長長的舌頭來提取花蜜，也有特殊的腿「毛」可以攜帶花粉，甚至還有夜行性蜜蜂，以那些只在夜間分泌花蜜的花朵為食。牠們藉由氣味或花瓣上的紫外線圖案來偵測合適的花朵。蜜蜂會返回蜂巢，跳「八字形搖擺舞」，傳達食物來源的位置，告訴蜂巢中的其他成員該往哪個方向飛行。

蜂蜜是由蜜蜂採取花蜜製成的。蜜蜂會將花蜜保存在一個特殊的蜂蜜胃裡，在那裡被酶部分分解。回到蜂巢後，牠們再將花蜜反芻出來，由蜂巢中的蜜蜂進一步消化花蜜，移除其中一些水分。最終的產品被儲存在蠟質蜂巢中。蜂巢原本由圓管組成，圓管間的張力把它們變成六邊形的格子。這些蜂蜜儲備對細菌與黴菌具有抵抗力，讓蜂巢裡的族群在冬天存活下來。

幾個世紀以來，人類一直在養蜂，也從野生蜂巢採集蜂蜜。最早有關採集蜂蜜的描述，來自西班牙蜘蛛洞（Cuevas de la Araña）八千年前的岩繪。目前，中國是世界上最大的蜂蜜生產國，每年收穫一百九十萬噸，占所有商業蜂蜜產量的四分之一。

人類的農業至少有三分之一是種植需要授粉的開花植物。大多數授粉工作都是由蜜蜂完成，包括野生蜂與馴養蜂。由於殺蟲劑、疾病與野生花卉減少，這幾項致命的因素，正聯手讓這些辛勤工作的採集者迅速從地球上消失。氣候變化讓這些因素更加惡化。據預測，如果我們不加快努力拯救蜜蜂免於滅絕，牠們的消失對人類與整個生態系都將是災難性的損失。

琥珀的黑暗面
————————

蜜黃蜂被發現時，保存在化石化的樹脂之中，也是所謂的琥珀。全球有幾個地方以琥珀礦藏聞名，每個地方都可追溯到地球歷史的

不同時期。多明尼加共和國的琥珀，來自大約兩千三百萬年前的森林，而波羅的海的琥珀，則約在四千四百萬年前形成。蜜黃蜂是在緬甸的琥珀中發現的；橙色的時間膠囊，捕捉了古老白堊紀世界一個特殊的片段。

　　然而，緬甸的琥珀往往來自牽涉該地區當前內戰的礦場。許多礦場，在侵犯人權的惡性暴力接收中被占領，礦工可能得忍受危險的工作條件。因此，對古生物學家來說，研究緬甸琥珀也成了一個困難的道德問題。近年來，由於高調宣傳，緬甸琥珀化石的價格暴漲。非法銷售往往為持續的暴力提供資金。儘管緬甸琥珀能帶來無可比擬的深刻理解，人類的代價卻是巨大的，因此愈來愈多研究人員呼籲停止研究緬甸琥珀化石，直到開採條件獲得改善為止。

爬獸 — 吃恐龍的哺乳動物

爬獸是恐龍時代已知最大的哺乳動物。這種健壯結實的動物與獾差不多大小，生活在白堊紀早期的中國。有件爬獸化石標本，出土時，還伴隨完好無損的胃部內容物：一隻小恐龍的遺骸。這是顛覆人類對中生代哺乳動物演化認知的一件化石。

大約一億三千萬年前，有種名為爬獸（*Repenomamus*）的動物，在林下植物之間活動。牠看起來像獾，渾身是毛，體型壯實，有鋒利的牙齒，可以長到十四公斤（三十一磅），是中生代最大的哺乳動物。爬獸屬於一個名為戈壁尖齒獸的已滅絕群體，是第一批專門吃肉的哺乳動物。儘管牠們主要以較小型的脊椎動物如蜥蜴和小型哺乳動物為食，來自中國的驚人證據顯示，這些飢餓的機會主義者也會吃恐龍幼仔，顛覆我們對古代食物網的成見。

儘管人們把侏羅紀和白堊紀跟恐龍聯繫在一起，哺乳動物在這個時期也在一旁蓬勃發展。牠們屬於合弓綱這個與爬蟲類有共同祖先的龐大群體，合弓綱動物在三億年前與爬蟲類分道揚鑣。到了三疊紀晚期，大多數合弓綱演化分支已經滅絕，只剩下哺乳動物。一直到最近，人們依舊以為哺乳動物在侏羅紀與白堊紀仍維持老鼠的大小，因為牠們的世界被一同生活的大型爬蟲類所支配。我們現在知道，由於有爬獸之類的化石存在，前述想法並不成立。這隻爬獸的胃裡有一隻鸚鵡嘴龍（*Psittacosaurus*）幼仔，是當時常見的一種植食恐龍。雖然無法確知爬獸到底是主動獵捕，還是單純吃下這頓令人印象深刻的腐肉大餐，這件化石證實，哺乳類在這個時期的生態多樣性，比人們之前懷疑的還要高。

現存的哺乳動物群體主要有三：胎盤哺乳類、有袋類與單孔目（鴨嘴獸與針鼴）。這些動物的共同祖先可以回溯到三疊紀。所有哺乳類都是溫血動物，會分泌乳汁，身上有毛髮覆蓋。牠們的牙齒形狀複雜，而且與其他脊椎動物不同，通常只更換一次，換成恆齒以後得用一輩子。現今世界充滿各種形貌與大小的哺乳動物，但所有這些都源於白堊紀末期大滅絕事件的少數倖存者。在該次大滅絕

爬獸是一種肉食性哺乳動物，體型與獾相當，會吃小恐龍。

之前，許許多多的家族分享著恐龍世界，包括爬獸在內。大多數家族都隨著牠們的爬蟲類共居者一起消失了——把地球留給現代哺乳動物的祖先來接管。

感官上的遺產

在三疊紀，最早的哺乳動物體型非常小，而且可能是夜行動物。成為小型夜行性的狹適應動物，在哺乳動物生物學中留下永久的遺產。體型較小的動物比體型較大的動物更容易失去熱能，因為表面積與體積比更高，身體熱能會透過皮膚表面流失。早期的哺乳動物藉由長出一層絕緣的皮毛來補償，同時新陳代謝加快了——這也是今日哺乳動物是溫血動物的部分原因。根據現存哺乳動物的眼睛結構與基因，我們得知早期哺乳動物屬於夜行性。如今的哺乳動物眼睛裡，只有為數不多、稱為視錐的感光結構，這些視錐的作用是日間視覺和顏色感知。牠們的夜行性祖先並不需要這些結構，因此視錐及與之相關的基因已經佚失。如此一來，大多數哺乳動物現在都是色盲，只有少數演化分支（包括我們人類在內）演化出偵測顏色的替代方法。

夜行性可能導致感官的發展，包括敏銳的聽覺與氣味偵測。哺乳動物可以聽到很大範圍的聲音，包括蝙蝠能偵測到的超高頻率，以及大象對話的最低頻震動。哺乳動物也倚賴氣味來溝通，牠們的鬍鬚與皮毛對觸感很靈敏，適合在光線較暗的情況下導航。這些變化導致哺乳動物的大腦尺寸從侏羅紀就開始逐漸增大，因為牠們需要適應，想辦法解讀來自周圍環境愈形增加的感官資訊。沒有這樣的發展，就不可能出現今天這麼大範圍的物種——從體型小又好動的鼩鼱到藍鯨這類深海巨獸。

**出乎意料的
多樣性**

在過去二十年間，新化石的出土，顛覆我們對恐龍時代哺乳動物的看法。這些動物從迴紋針大小的啃食動物到鬥牛犬大小的肉食動物都有。適應攀爬的動物，用長長的手指在樹梢之間穿梭；擅泳的動物，潛水捕食水生昆蟲與魚類；鼴鼠般的挖掘動物，則以蠕蟲

為食。有些動物也擅長滑行，就如今日的飛鼠，利用張開的皮瓣在樹間穿梭。這些化石大多來自中國，細節保存得相當完整，揭露中生代哺乳動物的生態多樣性幾乎和現今類似大小的動物差可比擬。

雖然這些驚人的多樣性，發生在侏羅紀與白堊紀的許多哺乳動物群體中，現代哺乳動物的祖先在當時並不特別顯著。隨著地球大陸的解體，這些動物被分開了，而在大滅絕事件之後，每個群體都在世界的不同地區建立起獨特的演化分支。比如說，包括大象、金毛鼴、海牛與蹄兔等在內的非洲獸總目，其祖先可追溯到非洲阿拉伯大陸。包括刺蝟、鯨、有蹄類、肉食動物與蝙蝠的勞亞獸總目，有共同的祖先在北半球。有袋類哺乳動物存在於澳洲與南美洲。這個例子正說明了地球地質情況與生物之間的密切關係，創造出地球上獨特的生命模式。

阿根廷龍 ── 最大的陸生動物

用撼動地球來描繪恐龍是很老套的說法，但有些動物必然能讓這句話成為事實。到了白堊紀，許多大型恐龍演化出現，但其中最大的是屬於蜥腳下目動物的阿根廷龍。牠們有長長的脖子與尾巴，還有龐大的身軀，身上的一切都是如此龐大。那是恐龍的烏托邦，滿是讓人驚奇的動物，數世紀以來一直吸引著人類的想像力。

屬於蜥腳下目動物的阿根廷龍（*Argentinosaurus*），在九千六百萬年前至九千兩百萬年前的白堊紀晚期，生活在現在的阿根廷。這種恐龍從吻部到尾巴尖端的長度超過三十公尺，科學家估計其體重相當於九頭大象的總和。阿根廷龍有著蛇般的長脖子和小得荒唐的頭。牠笨重的身軀有粗壯的腿支撐，後面拖著長長的尾巴。

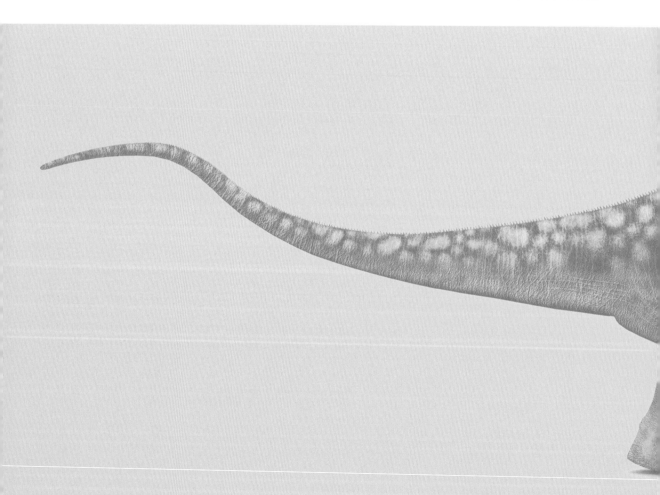

蜥腳下目恐龍龐大的身軀，因為讓博物館顯得狹小而聞名於世，其中最著名的物種也許是梁龍與腕龍（*Brachiosaurus*），不過相形之下，牠們的體型相當小。阿根廷龍屬於泰坦巨龍類，是蜥腳下目下的一個類別，其中包括地球史上最龐大的陸生動物。

大多數巨型恐龍都生活在南美洲。在白堊紀，南美洲與東部的非洲，以及赤道對面的北美洲是分開的。阿根廷龍在平原上蜿蜒交織的河流網絡中徘徊。山坡上覆蓋著鮮嫩的針葉樹，為這些吃不停的大食客提供飼料。牠們的腳與大象的腳不一樣，有向側面彎曲的爪子。儘管我們知道蜥腳下目恐龍可以長得非常巨大，牠們的體重只能用估計的，因為今天沒有任何跟牠們一樣的物種還活著。其他巨龍如巴塔哥巨龍（*Patagotitan*）、新疆巨龍（*Xinjiangtitan*）與無

像阿根廷龍這樣以植物為食的長頸蜥腳下目恐龍，是曾經生活在地球上、最大的陸生動物。

畏龍（*Dreadnoughtus*），都是植食動物，是白堊紀生態系豐饒多產的確實證明。

沒大到不能走

關於蜥腳下目恐龍這樣龐大的動物，要如何在陸地上行走，一直很有爭論。我們今日所知的大多數大型動物都是水生的，水能支撐牠們的體重。曾經有人提出，蜥腳下目恐龍必然是水生動物，利用長脖子將頭伸出水面呼吸。我們現在得知，儘管重力給體型較大的動物帶來生物學上的挑戰，但自然界已經多次找到克服這些挑戰的方法。像阿根廷龍這樣的恐龍無疑是陸地居民。牠們克服極端體重的一個方法，就是在骨骼中演化出氣囊與空洞，讓體重變輕。基於這個原因，我們無法用哺乳動物的身體質量估計值，來瞭解蜥腳下目恐龍的體重，因為牠們的骨骼結構不同。

就像其他恐龍，蜥腳下目恐龍可能是溫血動物，需要大量食物才能生存。牠們從樹枝上迅速剝下大量的樹葉，幾乎不嚼就囫圇吞下。蜥腳下目恐龍會產下一堆相對較小的卵，可能不比一個足球大。牠們的幼仔很小，但我們從研究其骨骼的微觀結構得知，牠們在最初的一、二十年成長得特別快，每年增重多達兩噸，並在餘生中繼續緩慢地生長。成年後，牠們可以安全躲過食肉的獸腳亞目恐龍，這可能是推動牠們巨大的身軀持續演化的原因。其他恐龍則採取不同的策略，包括演化出尖刺與厚皮板等體甲，以及群居生活。類似的防禦措施也可見於現今的大型哺乳動物，像是犀牛、麝牛與牛羚。

恐龍因其巨大而聞名，雖然這被認為是牠們成功的衡量標準，但體型變大其實只是另一種生存策略。體型小的恐龍不太成功——這個生態區位已經被蜥蜴、兩棲類與哺乳類等其他演化分支所占據。只有鳥類的祖先成功縮小身體尺寸，這可能是幫助牠們在白堊紀末期滅絕事件中倖存下來的適應性變化之一。

強者的殞落

白堊紀晚期的世界有最具代表性的恐龍，包括北美洲的暴龍（*Tyrannosaurus rex*）與三角龍、蒙古與中國的小型獵手如伶盜龍

（Velociraptor），以及南半球的泰坦巨龍。恐龍繁盛了一億五千萬多年，但是在白堊紀末期，有一顆小行星在現在的墨西哥灣撞上地球，幾乎讓所有恐龍都消失了。

由於人類對牠們的迷戀，研究人員花了很多時間試圖瞭解恐龍的滅絕。一些研究顯示，根據化石紀錄中恐龍數量明顯下降的情形，牠們的數量在白堊紀末期已經在衰退。然而，化石在世界各地的分布不均，代表這種解釋不夠明確。有一點是肯定的：牠們並沒有活到白堊紀末。

儘管如此，鳥類確實挺過了這場災難，而且繼續繁榮。這可能是多種因素的綜合結果，其中包括牠們的體型小，連帶著需要的食物更少，更容易躲避小行星撞擊後的不利條件。因為擁有羽毛，牠們可能得以抵禦「核冬天」的寒冷。許多成功的群體是潛鳥，也許可歸因於牠們在飲食上的靈活性。不像蜥腳下目恐龍與其他的恐龍群體，鳥類在子代孵化後會繼續照顧子代，這或許也提高了牠們在地球生命史上最困難時期的生存能力。

新生代

新生代的意思是「新生命」，但這用詞多少有些不恰當。非鳥類恐龍與牠們的爬蟲類親戚永遠消失了，但幾乎所有其他的動物群體，早在新生代曙光乍現之前就已經開始。儘管如此，這是一個全新的階段，我們今天知道的許多角色，都是在這個階段開始進入眾人注目的中心。新生代有我們熟知的生物遍布其中，也有那些似乎是從科幻小說中走出來的生物。從白堊紀末大滅絕事件到兩百六十萬年前的這段時間，曾被稱為第三紀，但這個術語已經被新生代的三個時期所取代：古近紀、新近紀與第四紀。人類存在於這些時間劃分中的最後一個片段，是一本正在書寫的書中最新的一個字。

我們的大陸逐漸占據它們目前的位置。儘管地球在整個新生代都是乾燥冷卻的，溫度波動在短暫的時間內讓溫度上升，推動棲息地與動物生命的變化。五千萬年前，印度匆匆往北穿過印度洋，斜斜地撞上亞洲。它們碰撞之處，喜馬拉雅山脈被抬升至堪比天高。一般認為，這些山峰的侵蝕改變了全球的碳循環，引發氣候變冷。南北美洲直到幾百萬年前，仍被巴拿馬海峽隔開，使兩地的生物族群相互隔離。當地峽最終像握手的形狀一樣連接起來時，它們獨特的野生生物開始混合摻雜：這個事件稱為「南北美洲生物大交換」，在這些大陸上創造出有袋類與胎生動物交錯存在的奇異畫面。地質變化也影響海洋環流，造成強勁的太平洋與大西洋洋流，將溫暖從曾經蒼鬱的南極洲帶走。很快地，這片南方大陸就被冰雪覆蓋。

白堊紀末期小行星撞擊所造成的破壞，重挫曾經繁盛的哺乳動物與鳥類，但生命以極快的速度恢復並補充。哺乳動物最初是一群遺傳複雜而混亂的雜燴，但牠們很快走上一條不同的道路，包括肉食動物、鯨類、有蹄哺乳動物與猴子，還有其他現已滅絕的群體，如老虎般的肉齒目動物與大象般的嵌齒象科動物。第一個也是唯一一種會飛的哺乳動物是蝙蝠，牠們是突然出現在化石紀錄中的，起源不為人知。同一時候，鳥類也發展得相當好：最早的企鵝在南方海洋的邊緣演化出現，南美洲的「恐鶴」比兩隻鴕鳥還要高。儘管植物在短期內受到滅絕事件的破壞，開花植物卻展現出人意料的復原力。倚賴開花植物為食物的動物可能有了優勢。禾本科植物是新生代的關鍵群體，塑造了生態系，給那些吃草的動物帶來選擇壓力，同時也是人類農業文明的基礎。

古近紀

6600萬年前至2300萬年前。地球溫度變高，大約在5500
萬年前達到古新世－始新世極熱事件。

茂密的熱帶森林
廣泛存在。

印度與亞洲相撞，形成喜馬
拉雅山脈。

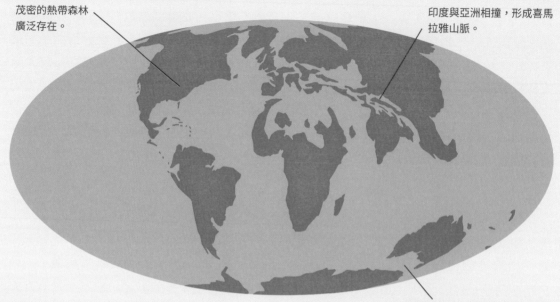

南極洲脫離澳洲與南美洲，產生
第一個南極繞極流，導致冷卻。

新近紀

2300萬年前至260萬年前。全球氣溫下降，氣候變乾燥，
導致草原蔓延。

非洲與歐洲相撞，形成地中海。

太平洋邊緣地
區的巨型海藻
演化出現。

巴拿馬海峽在1億年來首次連接了北美洲與
南美洲，導致南、北美洲生物大交換。

南極洲形成冰蓋。

第四紀的冰河期

260萬年前至1萬1700年前。全球海平面降低，暴露出更多海岸線與島嶼。

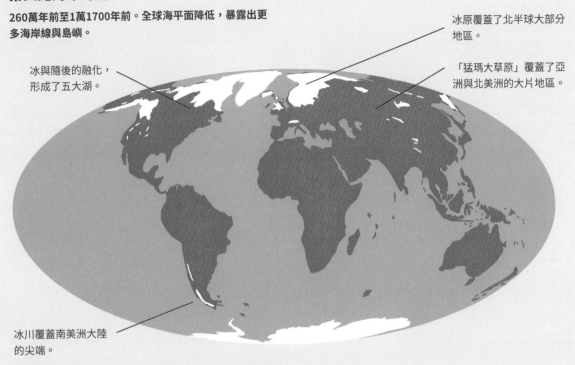

冰與隨後的融化，形成了五大湖。

冰原覆蓋了北半球大部分地區。

「猛瑪大草原」覆蓋了亞洲與北美洲的大片地區。

冰川覆蓋南美洲大陸的尖端。

人類世

當今時代。地球面臨人類造成前所未有的快速氣候變化。全球棲息地被破壞，生物多樣性喪失。海平面上升，威脅到小型島嶼和沿海社區。

北美洲與澳洲的野火愈形普遍。

像撒哈拉這樣的沙漠正在擴大。

南極洲的冰層正在融化。

紐西蘭擁有獨特的生物，是遠古時代的倖存者。

古近紀

古近紀持續了四千三百萬年，在這段期間，生命從大滅絕事件中恢復過來，我們今日認識的動物開始了牠們的旅程。哺乳動物與鳥類的演化是我們關注的焦點，但陸地上與海洋中最小型的生物也在經歷變化——牠們被正在復甦的地球所塑造，也塑造著地球。這個溫室世界讓我們瞭解到極端氣候變化，以及生物世界是如何緊密交織在一起。

古近紀從六千六百萬年前小行星撞擊事件後，一直持續到兩千三百萬年前。地球起初變暖，叢林的分布一直延伸到極地地區。大約五千五百萬年前，這種升溫的情形在一次重大溫室事件中達到頂峰，塑造了陸地與海洋的生命。茂密的熱帶雨林一度主宰許多地區，但是到了古近紀末期，隨著全球降溫的趨勢成形，雨林的分布也隨之退縮、縮小。

大西洋的跨度持續擴大，海平面下降，暴露出我們可以輕易辨識的海岸線。印度從它位於南方大陸之間的老家，往北穿過印度洋，進入亞洲形成了喜馬拉雅山脈。這種碰撞一直持續到今天，讓這些山峰與青藏高原每年長高半公分。當這些山峰在古近紀第一次拔擢上天時，它們受到風雨的連續衝擊，從大氣中吸走了碳。正如先前溫度突然上升的狀況，這個情形導致溫度再次下降，兩極與山峰的冰很快就形成了冰川。

在這個時期之初，大自然振作起來，開始從倖存的演化分支中重建動物世界。

有些古老的哺乳動物，也就是我們今日所知群體的第一批成員，走出牠們在恐龍時代棲息的生態區位，探索全新的生活方式。鳥類在沒有翼龍的天空中翱翔，在海洋爬蟲類已經消失的海洋中游泳——儘管鯊魚很快成為大海中的主要捕食者。企鵝在南半球海洋中大量繁殖。為了應對古近紀最初的高溫，許多陸地動物的體型都變小了——以最早的馬為例，牠們的體型不比狗大。這種體型愈來愈小的趨勢是因為「伯格曼法則」；這項法則認為，在涼爽氣候中動物身體質量會增加，在溫暖氣候中則會減少。造成這種情形的原因很多：讓溫度升高的二氧化碳增加，可能降低了植物食物的營養價值；森林棲息地與資源稀缺，也比較適合較小的體型。隨著氣候再次降溫，巨型動物再次出現。

繞極流

地球上發生的一切都是緊密交織在一起的。大陸的移動不但改變了動植物的

生活，也改變了洋流方向，影響全世界的氣候模式。在古近紀，南極洲最終漂離了離它最近的澳洲與南美洲。這個事件的確切時間尚無法確定，但是在兩千萬年前到四千萬年前，塔斯馬尼亞海道與德雷克海峽被打開，為南半球提供不間斷的水流，這可能是十億年來的頭一遭，被稱作「南極繞極流」，塑造了我們的氣候與隨後的地球生命。

南極繞極流繞著南極洲大陸順時針流動，是世界上最大的洋流。它的存在豎起一道海洋屏障，阻止靠近赤道的溫暖海水往下流，導致南部大陸解凍。因此，南極洲就像被鎖在冷凍庫裡一樣，成了地球上最冷的大陸。南極繞極流在古近紀的形成，是地球的全球溫室氣候再次變冷的原因之一，這個趨勢從那時開始就一直持續到現在。

儘管南極洲的冰凍終結了曾經繁榮的豐富森林生態系，但也給海洋帶來豐饒的新生命。在南極大陸以北、溫暖海水與寒冷洋流的交匯處，營養物質與浮游生物從海底被攪了上來。這創造美味豐富的海洋環境，足以支撐一個蓬勃發展的食物網。今天，成群的磷蝦會聚集在一起大快朵頤，而以牠們為食的則有魚類、海豹、企鵝、海鳥與鯨魚等。那些與陸地保有聯繫的動物，仍會拖著身體回到南極洲的海岸線上，在這個最極端的環境中繁殖並築巢。南半球這些龐大的冰蓋，不僅對海洋生物有著深遠的影響，對人類活動的歷史同樣影響廣泛。許多支探險隊曾經前往南極洲探討它們的祕密。雖然冰蓋上幾乎無人居住，但確實有少數人在那裡生活。他們多半住在冰蓋邊緣的定居點，幾乎都是為了做科學研究。

笨腳獸 — 哺乳動物福袋

隨著核冬天逐漸消逝，新生代的春天到來，哺乳動物從洞穴裡走出來，重新占領了世界。在古近紀開始後、只過了六百萬年之際，笨腳獸開始在熱帶的林下植物之間活動。牠是哺乳動物中第一個巨獸，為未來的巨獸開闢了一條道路。儘管牠們的家族關係仍然神祕，但是像笨腳獸這樣的動物，是我們今天所知的哺乳動物的祖先之一。

笨腳獸（*Barylambda*）在六千萬至五千七百萬年前，生活在現在美國的科羅拉多州與懷俄明州。這種動物像熊一樣：有粗壯的身軀與平足。牠的頭很小，尾巴特別粗，在古近紀的密林中緩慢擺動著。我們從牠的牙齒形狀得知，牠吃植物，也許會用後腿站立，好從更高處的樹枝上撕扯下樹葉。笨腳獸和大多數古近紀哺乳動物不同，其化石骨架出土時相對完整，讓我們對這種早期植食動物有了前所未有的瞭解。牠與一匹小馬差不多大，是當時最大的哺乳動物之一，當然也是三疊紀以來最大的哺乳動物。

只有少數哺乳動物群體，在白堊紀末大滅絕事件的破壞中倖存下來。這可能要歸功於牠們的生理特性（溫血、泌乳與皮毛）、行為（照顧後代與鑽洞），以及一定程度的運氣。隨著大型爬蟲類從生態環境中消失，牠們的位置等著能適應者去爭奪。有些曾經矮小的哺乳動物，很快就發展出大骨架與結實的體型，笨腳獸就是一個例子。在毛皮之下，笨腳獸有大象般的骨架，但牠不屬於任何現存的哺乳動物群體。牠是一種全齒目動物，屬於一個在古近紀繁衍生息，但在大約三千八百萬年前滅絕的群體。牠們是後恐龍時代第一批大型植食動物，其化石紀錄遍及南北美洲與亞洲。

在古近紀最初的一千萬至兩千萬年內，我們今日所知的所有主要哺乳動物群體都已確立。到了古近紀末期，有史以來最大的陸生哺乳動物，一種叫作巨犀（*Paraceratherium*）的犀牛生活在歐亞大陸。牠看起來像是大象與長頸鹿的混合體，站立時肩高五公尺（十六英尺），有長長的脖子，支撐著幾乎跟人類一樣大的頭部。然而，哺乳動物從機會主義的撞擊倖存者發展成現代物種與龐大巨獸的路

第一批在古近紀演化的哺乳動物，如笨腳獸，利用周圍空出來的生態區位，開創當前的「哺乳動物時代」。

徑，目前尚不清楚。

瞭解老骨頭的意義

有時候，研究動物化石的古生物學家就是搞不清楚牠們到底是什麼。當一種動物的殘骸太少，無法顯示出牠在系譜圖的位置，或是因為動物本身缺乏將牠們與其他動物明確區分的特徵，這種情況就會發生。在古近紀，踝節目動物就是這樣的一個群體：這是個雜亂的集合，據信包括有蹄類哺乳動物，如馬、河馬、鹿與牛的祖先。這類群體被稱為「廢紙簍」群體，指的是把一堆混雜的化石丟在一起，就像把垃圾丟進垃圾桶一樣。廢紙簍群體的部分成員可能關係密切，但其他成員之間可能就沒什麼關係。研究人員繼續努力釐清牠們之間的關係，偶爾會有新的發現，將這些令人困惑的生物之一從泥沼裡拉出來。

古近紀的另一個廢紙簍群體是肉齒目動物。五千多萬年前開始，這些野獸是地球上最可怕的獵手。牠們的外表看來與我們今日熟知的肉食動物（如狗、貓與熊）類似，但親緣關係卻非常遠。肉齒目動物包括有史以來最大的肉食哺乳動物，例如來自中國與蒙古的裂肉獸（*Sarkastodon*），其體長可達三公尺（十英尺）。就如全齒目動物，以及其他許多在白堊紀末滅絕事件後出現的哺乳動物早期分支，目前尚不清楚肉齒目動物為何會滅絕。然而，牠們最終被現代食肉目動物所取代；食肉目動物現在幾乎是每個大陸上最成功的肉食動物。

鯨與蝙蝠

牠們看起來像是兩個完全不同的群體，但是鯨與蝙蝠的共同點可能比你想像的還要多。牠們都演化出其他哺乳動物從未有過的生活方式。兩者都發展出超高頻聽覺，在牠們的世界裡狩獵、導航，而且令人難以置信的是，牠們是經由相同的基因突變，讓回聲定位成為可能。鯨與蝙蝠的演化歷程，揭露了構成天擇基礎的驚人機制。

由於大量令人瞠目結舌的化石發現，我們得知鯨魚和海豚是從有蹄類哺乳動物演化而來的。大約在五千萬年前，牠們生活在陸地

上的祖先開始在水中度過愈來愈長的時間，天擇最後讓牠們的身體適應了水生環境，包括：流線型的身體，減少並失去後肢，前肢演變成鰭狀肢，尾巴變扁平（稱為尾鰭）。這些變化都可以在化石紀錄中追蹤到，天擇改變了哺乳動物的身體，讓牠們在水下生活，這是無庸置疑的。

相形之下，由於骨骼脆弱，我們對蝙蝠的起源幾乎一無所知。最古老的化石是生活在五千兩百萬年前的伊神蝠（*Icaronycteris*），就解剖構造而言，牠已經完全「蝙蝠化」了。蝙蝠以一種新穎的方式演化出飛行能力，在伸出的手指之間形成一層薄膜。牠們現在是哺乳動物的第二大目，擔任傳粉者與種子傳播者的關鍵角色，也以捕食害蟲並以糞便形式提供肥料來造福人類。人類過去很少與蝙蝠接觸，但隨著人口增加，我們與這些不可思議的小動物打交道的機會愈來愈多，也因此接觸到牠們的病原體。蝙蝠被認為是新冠病毒的來源，是二〇一九年底全球冠狀病毒開始大流行的原因。

威馬奴企鵝 — 鳥類的世界

在古近紀，一片淺海漫過紐西蘭。有一種名叫威馬奴企鵝的特殊動物在那片海域活動，是世界上最早的企鵝。威馬奴企鵝罕見的骨骼，幫助我們拼湊出從大滅絕事件倖存的鳥類的故事。鳥類後來演化出令人驚嘆的多樣物種，從南美洲巨大的恐鶴，到地球上最多產的鳥——咯咯叫的雞。

威馬奴企鵝（*Waimanu*）的體型與皇帝企鵝相當，有著短而結實的腿和有力的小翅膀。牠有狹長的喙，多少能夠垂直站立，腳上有適合划水的蹼。威馬奴企鵝，以及體型稍小的後威馬奴企鵝（*Muriwaimanu*）是化石紀錄中已知最古老的企鵝，在六千萬年前、於現今紐西蘭的海洋中潛泳。當時的紐西蘭已經與澳洲和南極洲隔絕，形成獨特的動植物，賦予這個國家當今世界上任何地區都不具備的特徵。威馬奴企鵝的重要性，在於牠揭露了鳥類演化的訊息。藉由研究這樣的化石，結合對現存鳥類物種的遺傳物質分析，研究人員得知，現代鳥類是在白堊紀末滅絕事件前後出現的。威馬奴企鵝的名稱來自毛利語中的「水鳥」；看來對水邊生活的適應，似乎幫助一些鳥類承受生活中可能出現的最壞情況。

現今約有二十種企鵝，幾乎都生活在南半球。儘管常與南極洲聯想在一起，大多數企鵝生活在更北部的海岸，包括赤道附近加拉巴哥群島上的一種企鵝。雖然地球上有數百種海鳥，企鵝是少數幾種完全適應水下與陸地生活的鳥類，完全不會飛行。牠們在水中行動優雅且敏捷，一生中約有一半的時間在海灘、岩岸與冰山上休憩並繁殖。體型最大的企鵝是皇帝企鵝（*Aptenodytes forsteri*），身高稍高於一公尺（三英尺），最小的是小藍企鵝（*Eudyptula minor*），身高只有三十三公分（十三英寸）。許多企鵝物種已經滅絕，包括一些真正的巨獸。在威馬奴企鵝之後的兩千三百萬年，巨大的厚企鵝（*Pachydyptes*）也在紐西蘭水域活動。厚企鵝身高約一・六公尺（五英尺），是有史以來最大也最重的一種企鵝。再往南一點，南極的古冠企鵝（*Palaeeudyptes*）身高可達兩公尺（六・

現今的企鵝就像這隻「巴塔哥尼亞企鵝」的版畫一樣，牠們的祖先可以追溯到古近紀的開始，為白堊紀－古近紀滅絕事件後鳥類物種的演化出現提供了線索。

五英尺），生活在大約三千五百萬年前。由於企鵝的骨骼比其他鳥類更緻密（這是一種對水下生活的適應），牠們的化石比較容易保存下來，特別能幫助我們瞭解鳥類的演化。

羽毛皇冠
———————

　　鳥類是恐龍的後代，但現代鳥類群體的起源仍難以理解。牠們脆弱的骨骼充滿空氣，讓牠們飛行時得以保持輕盈，這意謂牠們的骨骼很少能耐得住劇烈的化石化過程。遺傳物質研究顯示，牠們最後的共同祖先生活在白堊紀。最古老的鳥類分支是鴕鳥及其親屬（如美洲鴕、鶆鴯與象鳥）、雞形目與雁形目。其他鳥類物種都屬於新鳥小綱，其中一半以上是鳴禽。這些鳥類統稱為「冠群」，意指牠們構成鳥類系譜圖的「冠」。自白堊紀末大滅絕事件以來，牠們的數量與哺乳動物的數量相當，甚至超越了哺乳動物，而且幾乎在每一個棲息地的數量都能輕易超越哺乳動物。

　　鳥類有超過一萬一千個物種，從最小的吸蜜蜂鳥（*Mellisuga*）到高大的鴕鳥（*Struthio*）。牠們占據了所有地區，包括罕見的微型生態池到橫跨全球的海洋。大信天翁（*Diomedea*）有最寬的翼展，寬度可達到驚人的三・七公尺（十二英尺）。隼則是世界上速度最快的脊椎動物，朝向獵物俯衝時，速度可達每小時三百二十公里（兩百英里）。現今最常見的鳥類是馴養的家雞（*Gallus gallus domesticus*）——人類飼養了大約兩百四十億隻家雞。大多數鳥類都有絕佳的視力，甚至能看到紫外線的範圍。牠們的呼吸系統與我們不同，骨骼中有充滿空氣的空間網絡。每次吸氣，會有大約四分之一的空氣進入肺部，其餘則被送入氣囊中。諸如此類的特徵，為我們提供關於其恐龍祖先生物學特性的線索。

象鳥
———————

　　雖然我們將新生代稱為「哺乳動物時代」，但由於鳥類體型與生活方式的不同，牠們也有自己的演化奇蹟，其中包括已知最大的冠群鳥類，例如已經滅絕的象鳥（*Aepyornis*）。象鳥外觀狀似巨大的鴕鳥，傲然挺立的身形高達三公尺（十英尺）。儘管早期旅者謠

傳象鳥會用爪子抓起大象，但象鳥其實是一種不會飛的覓食者，吃的可能是森林地面上的樹葉與水果。令人訝異的是，象鳥與鴕鳥並非近親，反而與紐西蘭的鷸鴕（*Apteryx*）有著更密切的關係。象鳥與鷸鴕都是各自所居島嶼的特有種，也就是說，牠們不存在於其他地方，在與世隔絕的情況下，演化出獨特的外觀與生活方式。象鳥一直到過去幾千年才消失，與人類抵達馬達加斯加的時間相吻合；當時的人類會獵殺象鳥，也會食用牠們大如西瓜的蛋。

大型鳥類並不侷限於南半球的小島上。在古近紀的南美洲，出現一個被稱為「恐鶴」的演化分支，這些可怕的動物甚至可以和任何侏羅紀的恐龍一較高下。恐鶴是不會飛的潛行者，牠們的身高在一到三公尺之間（三至十英尺），還有強壯的腿可以快速奔跑。與頭小的象鳥不同，恐鶴具有巨大的頭骨與巨大鋒利的喙。一般認為牠們會用喙來刺穿獵物，將獵物撕開。體型較大的物種在兩百萬年前已經滅絕，可能是因為兩塊大陸連接在一起時，來自北美洲的哺乳動物捕食者大量湧入所致。一些體型較小的物種可能存活到一萬八千年前。

有孔蟲 ─ 訴說環境的故事

有孔蟲就如微小的藝術品，牠們複雜帶殼的身體布滿我們的海洋。這些單細胞生物是世界上最豐富的微體化石。牠們在多次大滅絕事件中倖存下來，低聲講述著深度時間中氣候變化與環境的故事。

有孔蟲是體型非常小的有殼生物，體型大多小於〇‧一公釐。牠們多半具有一個由腔室構成的殼，這個殼可以是用岩石顆粒或其他貝殼組構而成，或是像蝸牛殼一樣由有孔蟲自行生長。這些殼可以是螺旋狀，或是具有複雜的對稱性，形成米粒狀的管形、橢圓形或爆米花形狀。牠們的表面有時帶有刺或稜條，或是像砂紙一樣粗糙。雖然有孔蟲自複雜生命起源時就很常見，但是牠們對於理解新生代岩層特別重要。科學家用於此一目的的許多其他海洋生物（如三葉蟲與菊石），在白堊紀末就滅絕了，但有孔蟲持續盛行。牠們的形狀，以及不同物種與環境之間的關係都已確立，讓牠們成為環境與氣候隨著時間變化的絕佳指標。

有孔蟲屬於一個叫原生動物的群體，其中還包括放射蟲與變形蟲。原生動物既不是動物也不是植物，儘管牠們通常具有我們所定義的動物特徵，例如移動的能力與吃其他生物的能力。許多有孔蟲與藻類形成伙伴關係，透過光合作用從太陽獲得能量。大多數有孔蟲生活在海底（底棲），約莫有四千種，而少數則漂浮在水層中（浮游生物）。更罕見的是，牠們存在於淡水，甚至土壤中。底棲有孔蟲利用身上稱為偽足的突起構造，在海床上移動，或攀附在表面上進食。還有一些生活在沉積物裡，或是更深的地方，例如太平洋的馬里亞納海溝。牠們在熱帶地區與赤道附近非常常見，那裡肥沃的海洋湧升流攪動著營養物質與食物。許多有孔蟲會攝取在水中漂流的食物顆粒，但也有少數是捕食者，以其他有孔蟲為食。有孔蟲為節肢動物、魚類與鳥類提供食物，是海洋食物網重要的組成分子。儘管體型微小，這些小生物也記錄著地球環境的各種狀況，如果不

有孔蟲及其他小型生物的化石。研究這些生物，可以揭露關於過去氣候與海洋環境的資訊。

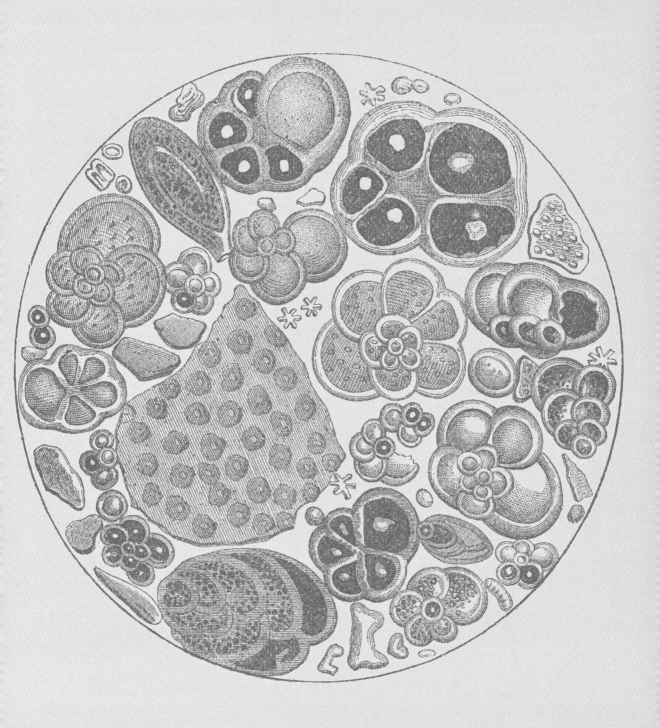

是牠們，我們將一無所知。

講述環境的故事

由於這些小型生物訴說關於過去的故事，有孔蟲在重建深度時間的氣候方面，著實為無價之寶。不同的物種告訴我們海洋環境是什麼樣貌，因為牠們的化石可以分析同位素與微量元素，而同位素與微量元素的變化取決於地球的碳循環、溫度與大陸風化。牠們對海洋酸化與總體氣候的改變特別敏感。深海的鑽探計畫從海底取出數以千計的岩心，以檢查有孔蟲化石，並確定石油與天然氣的儲量。這些計畫也帶來可追溯到數百萬年前的全面性全球紀錄。

由於有孔蟲用海水中的礦物質來打造牠們的外殼，有孔蟲化石就像時間膠囊一樣，充滿過去不同時間點的海洋「風味」。比如說，當板塊運動抬升形成山脈時，這些山峰被雨水沖刷，化學物質被沖入海洋，進而被納入有孔蟲的殼裡。因此，有孔蟲為全球範圍內發生的變化提供了證據——而且不只是海洋，也包含陸地。考古學家甚至會比對岩石中的有孔蟲與牠們的來源地，藉以追溯古人所使用的材料來源。

極熱事件

直到最近，地球還算處於特別涼爽的時期——事實上，我們目前生活在一個間冰期，只是兩個冰河期之間的一個靜止點。在古近紀，地球比現在還要溫暖許多，特別是在六千六百萬至三千四百萬年前。古新世—始新世極熱事件，標誌著地球溫度在五千五百萬年前的一個高峰；當時的氣候非常溫暖，連南極洲都出現了鱷類與棕櫚樹。一般認為，氣溫上升是由於歐洲與北美洲之間的板塊分裂，引發北大西洋的火山爆發。這些火山活動的證據遍布愛爾蘭、蘇格蘭、法羅群島與挪威等地的海岸；例如，愛爾蘭的巨人堤道是由冷卻熔岩形成的岩柱海岸線。這些火山爆發活動將數兆噸的二氧化碳釋放到大氣層，造成全球大規模的暖化。這可能引發了反饋迴路，從深海釋出甲烷，讓溫度進一步上升。

要理解人為引發的氣候變化造成何種影響，古新世—始新世極

熱事件是非常重要的模型。有孔蟲化石紀錄告訴我們，在古新世－始新世極熱事件期間，甚至深海也酸化了，在短短一千年間，就有五〇％的底棲有孔蟲絕種。氣溫在兩萬年間上升了大約攝氏六度（華氏十・八度），是相當驚人的上升速度。雖然全球氣溫會自然波動，但突然的變化通常會對動植物帶來毀滅性的影響，因為它／牠們幾乎沒有時間去適應。如果目前人類引起的氣候變化速度持續下去，將比古新世－始新世極熱事件發生的速度快上一百倍，有人估計最快在二一〇〇年就會上升攝氏六度（華氏十・八度）。由於因應時間如此之短，地球生命正面臨一場遠比古新世－始新世極熱事件或歷史上任何滅絕事件都更嚴重的滅絕事件。

螞蟻 — 社會性昆蟲

勤勞的螞蟻也許是地球上成就最驚人的動物。牠們建造大都會，塑造棲息地，更展現與其他昆蟲及植物各種驚人的密切關係。牠們在古近紀成為地球生命的基石，目前在部分熱帶棲息地中占了生物量的四分之一。對螞蟻的研究，改變了我們對天擇的理解。

螞蟻幾乎出現在每個大陸和大多數的島嶼。牠們的小軍團橫掃森林，入侵家園，建造足以和任何人類重要都市相媲美的堡壘。雖然螞蟻的體型很小，但牠們驚人的數量意謂牠們在重量上常常超過生活在一起的動物：在一個生態系中，螞蟻構成的動物生物量可能高達四分之一，在雨林中尤其如此。牠們能鬆土，也能回收營養物質，效率堪比蚯蚓。牠們是多產的捕食者，也是重要的草食動物。牠們的社會生活方式不但讓牠們適應大多數氣候，也讓牠們改變周遭環境。我們今天知道的主要螞蟻群體，都是在古近紀出現的。正是在這個時期，牠們占據了地球生態系的關鍵地位。

螞蟻與胡蜂和蜜蜂有親緣關係。雖然人們常常把螞蟻和白蟻搞混，牠們其實屬於完全不同的昆蟲分支。今天地球上有超過一萬三千種不同的螞蟻，其中包括體型比藜麥粒還小的物種。螞蟻的化石紀錄非常豐富。即使最古老的螞蟻是在白堊紀的琥珀中發現的，牠們的起源可能是在侏羅紀。在古近紀，溫暖的溫度和氣候造就了泰坦蟻（*Titanomyrma*）這樣的巨蟻；牠生活在北美洲與歐洲，體型與蜂鳥相當。

螞蟻有獨特的彎曲觸鬚，能偵測化學氣味、氣流與震動。部分螞蟻有絕佳的視力，而少數生活在地底下的特化種則完全失明。兩只強有力的大顎，可以用來搬運、建造和戰鬥，而大多數螞蟻就其體型而言都非常強壯。牠們的合作群落規模不等，從少數幾個個體到數百萬個體構成的龐大都會都有。較大的蟻群通常有嚴格的階級，包括工蟻、兵蟻與至少一隻具生殖能力的蟻后——有些蟻后能存活三十年。這些群落幾乎融合為一體，以至於它們本身就可以被視為超級生物。螞蟻生物學與行為的研究，就我們對演化的理解是

螞蟻種類超過一萬三千種，包括巨首芭切葉蟻（學名*Atta cephalotes*，上中）之類的切葉蟻，以及膨咕巨山蟻（學名*Camponotus inflatus*，左下）之類的蜜瓶蟻。

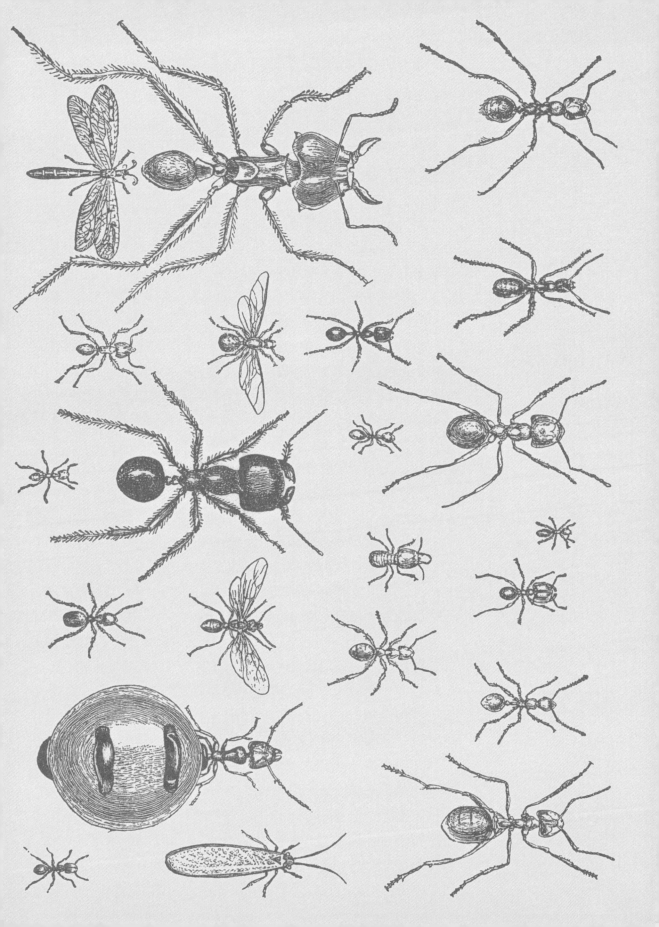

非常重要的,尤其是親屬選擇與合作的領域。螞蟻自出現以來,便是最主要的昆蟲捕食者與清道夫,也和植物、菌類與微生物等其他生物發展出許多令人驚訝的關係。

複雜的社會

我們認為螞蟻是聚落築巢者,但並非所有的螞蟻都以同樣的方式生活。寄生蟻進入宿主的巢穴,利用牠們獲取資源,而具有掠取行為的蟻種則會俘虜其他螞蟻的工蟻卵或幼蟲,將牠們納入自己的聚落。最著名的也許是行軍蟻,牠們像海嘯一樣橫掃棲息地,攻擊任何擋在牠們前面的東西——包括人類。

螞蟻聚落的分工,讓牠們得以解決獨立生活的昆蟲無法克服的問題。螞蟻窩淹水時,牠們可以喝下積水,將水帶到外面排泄,或是搭起活生生的浮筏,漂流到安全地帶。還有螞蟻會用自己的身體,在難以行進的地形上架起橋梁,讓同伴穿過。牠們可以到離巢兩百公尺(兩百二十碼)之外的地方覓食,藉由費洛蒙氣味的軌跡引導,返回螞蟻窩。其他同伴會沿著這些軌跡來搬移資源,太陽位置與地球磁場也能提供額外的引導。螞蟻利用氣味、觸覺與聲音來溝通,受到攻擊時通常會釋放一種警報費洛蒙,讓螞蟻窩陷入瘋狂的防禦狀態。許多螞蟻會噴灑化學物質或用螫刺來防禦——據說子彈蟻(近針蟻屬)的螫刺是所有昆蟲中最痛的。儘管如此,食蟻獸、針鼴、穿山甲與袋食蟻獸等哺乳動物,已演化出吃螞蟻的特化適應,例如又長又黏的舌頭,以及能強行破壞螞蟻窩的強壯前肢與爪子。

最早的農夫

人類認為自己是最早開始發展農業的動物,但是螞蟻其實比我們早了六千六百萬年以上。少數的螞蟻物種會養殖其他昆蟲以獲取蜜汁:例如吃植物的蚜蟲,牠們分泌的液體含有糖分。螞蟻會喝下這些蜜露,保護自己的「牧群」不被捕食者傷害,也會照顧牧群,就像牧羊人照顧羊群一樣。螞蟻在搬遷時甚至會帶著蚜蟲一起走。同樣地,有些毛蟲也是螞蟻飼養的,牠們白天把毛蟲放出去吃牠們最喜歡的植物,晚上再把牠們帶回安全的蟻窩。這樣的行為可能為

螞蟻的社會性演化指明了一條道路，因為牠們必須通力合作，以保護食物來源。

其他物種如切葉蟻，會切割並收集樹葉，將樹葉帶回蟻群的「花園」。在那裡，牠們把樹葉剪成非常小的碎片，用碎樹葉來培養真菌，這是牠們的主要食物來源。就像人類的農場工作者，螞蟻會照料自己的花園，清除任何對作物有毒或有害的東西。牠們甚至在體表養細菌，因為細菌能製造抗生素，殺死對真菌有害的微生物。螞蟻與真菌都需要對方才能生存——在許多情況下，真菌再也無法在蟻農花園之外的地方生長，這基本上使牠們成為馴化物種。切葉蟻群的採葉量，可占生態系中食植動物的一五％之多。

有些植物倚賴螞蟻散播種子，或是保護它們免受其他動物侵害。中美洲的牛角金合歡有中空的刺，能讓蟻群生活其中，藉著提供庇護所與食物的方式來換取保護，樹木也可免受寄生藤與哺乳動物的侵害。檸檬螞蟻最喜歡檸檬螞蟻樹（*Duroia*），牠們會殺死樹周圍的其他植物，在那裡築巢。這種行為塑造了特殊的生態景觀。

新近紀

新近紀的時間跨度為古近紀末到第四紀初的兩千萬年初頭。巨大山脈的出現，改變了地球氣候，讓氣溫降低，促進草原擴張。第一批馬在草原上奔馳，海浪下的巨藻森林擴大，為最早在海邊覓食的人類提供了資源。

新近紀始於兩千三百萬年前，一直到兩百六十萬年前才結束。大陸抵達我們所知的位置，儘管其輪廓因為海平面變化，並不總是相同，海平面有時會達到比今日高出二十公尺（六十五英尺）的程度。自古近紀的溫室以來，整個地球的溫度就持續不斷地下降，但直到新近紀末，氣候依然比今日更溫暖。當時的地球還不是我們所熟知的世界。極地冰蓋剛剛開始形成，隨著冰蓋的成形，海平面下降，暴露出曾經隔絕的大陸之間的陸橋。這個情形造成嚴重的破壞，因為動物遷徙到新的領域，與居民們競爭。特提斯洋終於封閉，將非洲與歐洲連接起來，形成地中海。在新近紀末，地中海這個水體，曾經因為冰河期導致海平面急劇下降而多次乾涸。

地球的氣候與環境在新近紀發生天翻地覆的變化。沙漠在亞洲中部、撒哈拉與南美洲部分地區擴張，澳洲則因為降雨量減少而變得乾燥。在這個愈形乾燥冷卻的世界中，熱帶森林面積減少，在此之前只占地球植物相一小部分的草原隨之生根。占地廣大的大草原與吃草的動物如馬、羚羊與大象等一前一後地發展起來。貓、狗與同類成為陸地上的主要肉食動物，一些曾經在海洋中遨遊的巨型鯊魚如巨齒鯊（*Megalodon*），則與鯨魚和海豹等新物種共享水世界。最早的巨藻森林在海洋中出現，創造出地球上最豐饒的棲息地。

美洲生物大交換

大約有一億年左右的時間，南美洲一直處於孤立狀態。它位於不斷擴大的大西洋另一邊，與非洲隔著大西洋遙遙相望，與北美洲之間隔著一條叫巴拿馬海峽的赤道海道。這樣的地理位置，讓南美洲的動物居民與牠們的鄰居隔離開來，導致獨特動植物物種的演化，包括有袋類。大約在三百萬年前的新近紀末，巴拿馬海峽封閉，自白堊紀以來，北美洲與南美洲第一次連接起來。

動植物開始在北美洲與南美洲之間往來，這個事件稱為「南北美洲生物大交換」，是古生物學與生態學中最重要的一個課題，因為它提供一個罕見的機會，讓

人們仔細瞭解動物群體隔離與引入的影響。這個事件是由演化進程的共同發現者阿爾弗雷德‧羅素‧華萊士（Alfred Russel Wallace, 1823-1913）最早提出討論的，他曾在亞馬遜盆地停留過一段時間。有蹄類哺乳動物（馬、貘與駱駝）以及貓、狗與熊等都下到了南美洲。同個時候，南方的動物也向北擴散，包括水豚與犰狳，以及許多現已滅絕的生物，如地獺與恐鶴。

　　雖然這種交流多少是雙向的，但長久下來，北美洲動物表現得比南美洲動物好。一般認為，直接競爭與氣候改變的綜合結果，讓北方的物種得以生存。對於向南移動的動物來說，棲息地的變化較少，遇上的挑戰可能也比反方向移動的動物來得小。許多問題尚未得到解答，但我們今日在美洲看到的物種模式，確實是南北美洲生物大交換的結果。

萬物相連

　　雖然我們知道棲息地在幾百萬年間產生了變化，但在更近的時期，情況是比較詳盡的。研究人員可以將新近紀期間的新生態系，如草原和巨藻森林的出現及擴張，與全球大範圍發生的事件聯繫起來。在新近紀，有幾個驚人的例子可以說明板塊運動如何影響整個世界。連接北美洲與南美洲的巴拿馬地峽的形成，可能在這些陸地之間提供一座橋梁，但也在海洋之間豎起一道永久的屏障。來自太平洋的暖流不再流入大西洋，促成冰河期的到來。同樣地，隨著印度次大陸往北推進到亞洲，地球的海洋與大氣環流也隨之改變，引發一個新的氣候週期，稱為季風。從七月到九月，富含水氣的雲從阿拉伯海與孟加拉灣被拉過去，往北穿過陸地，最遠可抵達西藏與中國。喜馬拉雅山脈把它們擋了下來，迫使雲往上移動，導致大量降雨。季風占印度降雨量的八〇%左右，該國大部分的農業都倚賴這些降雨。

　　喜馬拉雅山脈的隆起與季風的上升，對世界其他地區產生完全意想不到的影響。水流過隆起的山脈，侵蝕了岩石，藉由一個所謂矽酸鹽風化的過程，從大氣吸取二氧化碳。這個過程導致大氣中二氧化碳的含量下降，進一步造成地球溫度降低。隨著安第斯山脈沿著西海岸推升，類似的過程也在南美洲發生。隨後在新近紀末到第四紀主宰地球生命的冰河期，一般認為就是由這些全球的變化所引發的。

禾草 — 塑造動物生命

人類文明以禾草為基礎,禾草養活了全世界數十億的人口。禾草生長在每一片大陸上,讓地球五分之二的面積覆上一層翡翠色的表皮。這些草葉在新近紀形成最早的大草原,實際上改變了依賴它們生存的動物的外型。從我們心愛的門前草皮到大規模單一作物,我們與禾草的關係不但塑造了我們的過去,也在永續未來中扮演著重要的角色。

禾草如此常見,我們往往會忽略之,不過這些開花植物覆蓋了地球四〇%的面積。從彭巴草原到大草原,禾草在現代生態系的形成起了重要作用。在新近紀,禾草隨著氣候變冷而開始傳播,第一次主宰世界的大片土地,也形塑了依賴它們維生的動物。儘管如此,由於禾草植物的化石紀錄往往僅限於花粉等微觀結構,有關這種綠色植物的起源與演化,仍有許多未解之謎。

禾草生長的形狀很特別,有直立的中空莖和扁平尖硬的狹長葉。它們的花會形成小穗,借風傳粉,其花粉是人類花粉症的主要原因之一,而花粉症就是對植物花粉的過敏反應。禾草處處可見——甚至在格陵蘭與南極洲也有它們的蹤影。南極髮草(*Deschampsia*)不僅能冒著極端冬季條件生長,隨著地球因為人類引起的氣候變化而變暖,其分布範圍也在向極地擴張。回顧深度時間,我們會發現,在地球大部分歷史中,禾草並不存在。最古老的禾草化石可以回溯到白堊紀,當時的禾草與其他開花植物一起出現,是白堊紀陸地革命的一部分。早期的禾草可能並不特別常見,很可能生長在森林邊緣或陰涼處——現今的部分禾草仍然喜歡這樣的生長條件,竹子就是一個例子。禾草之所以在新近紀繁衍得如此成功,是因為它們對較乾燥、開放式棲息地的驚人適應,以及對乾旱的耐受性。

禾草約有一萬兩千種,是第五大植物科。世界各地的人類主食都來自這個豐富的群體,提供了人類所消耗能量的一半以上。它們被用來餵養牲畜;用於建築,譬如竹子、稻草與茅草;或是用作燃料,從生火到生質燃料等。然而,禾草在塑造其他動物的身體方面,

五種早熟禾,包括鴨茅(*Dactylis*)、羊茅(*Festuca*)與洋狗尾草(*Cynosurus*)在內。它們的成功傳播與全球氣候變化和許多草食哺乳動物的出現有關,也與人類社會分不開。

卻扮演著更重要的角色。它們與草食哺乳動物之間的密切關係，可從各自經歷的身體適應過程一窺端倪。無論對地球或是在不同大陸上生活的動物來說，禾草可說是遊戲規則的顛覆者。

為畜群提供能量

自從在白堊紀演化出現以來，禾草與草食動物之間就一直維持相互依存的關係。隨著時間推移，樹木和其他植物長得都比禾草高大，但草食動物會踩踏並吃掉這些競爭者。禾草生長在底層，很容易在動物啃食、野火及人類割草的情況生存下來。我們能得知白堊紀的蜥腳下目恐龍以禾草為食，要歸功於其糞便化石的內容物含有禾草的微觀結構，稱作植物矽石。這些植物矽石是由二氧化矽構成，有些非常鋒利，甚至會劃破人的皮膚。為了抵禦這種傷害，草食動物演化出更長的牙齒與大量的琺瑯質，還有愈形複雜的窩溝，這些都增加了牠們的適應性。這樣的牙齒在牛、馬、大象、兔子與囓齒動物身上都可以看到。大象與草食有袋類動物在成年後仍會定期更換臼齒，也是很獨特的一點。

草原的環境也對動物的外型產生非常大的影響。有蹄類哺乳動物如馬與鹿，都演化出更長的腿與更少的指頭（手指與腳趾）數目，腿關節前後移動，而不是向身體側面擺動。這些適應都提高了行動的效率，讓牠們得以長途跋涉或快速奔跑。由於獸群在草原上的季節性遷徙，更容易受到捕食者的攻擊，因此速度與耐力對牠們的生存非常重要。

人類的主食

我們的主要穀類作物都屬於禾草。人類以禾草為食的最古老證據可追溯到大約十萬五千年前的莫三比克，但是在世界各地，我們至少從一萬一千五百年前就開始種植小麥、水稻與玉米。證據顯示，七千七百年前的中國，在現在杭州附近的沿海濕地就有水稻種植，而在同一時期的墨西哥，玉米是從野生的大芻草馴化而來。這類穀物的馴化提高了它們的產量，產出遠遠超過野生植物祖先所能達到的數量。

密集的單一耕作，對我們的自然世界產生根本性的負面影響，導致棲息地與生物多樣性的喪失，而殺蟲劑及化肥則損害了野生動物和水道，讓昆蟲數量減少。農業消耗了全世界大約七〇％的淡水。生產一公斤穀物，需要消耗一千公升的水；如果這些穀物被用來餵養牲畜，那消耗就更大了（要耗損四萬三千公升的水，才能生產一公斤牛肉）。世界各地已有水資源短缺的情況，超過十億人無法獲得充足的飲用水。按估計，未來水資源短缺的情況只會愈形惡化，人們正在努力讓農業更節水，並培育（甚至設計）能夠在極端缺水情況下種植的禾草與其他植物。

無論是高爾夫球場或是你家門前的那塊草坪，現代草坪跟食物一樣，已成為一種擺脫不了的癡迷。在世界上不適合種植此類草坪的地方，大量的水被用來維護草坪，導致乾旱。我們利用禾草作為人類食物，是這類植物成功之處，它們長期以來一直利用哺乳動物在世界各地傳播。然而，人類正感受到這種豐富資源的弊端，重新思考這些塑造世界的奇妙植物在永續未來的角色。

草原古馬 — 馬的演化

草原古馬是世界上第一種具有可辨識特徵的馬。馬從狗一般大小的小型祖先，演化成為人類在世界各地的擴張提供動力的雄偉動物，是說明動物的身體構造與棲息地之間關聯性的經典範例。但牠們在系譜圖上的繁茂枝葉也提醒我們，天擇的歡快奔馳並沒有明確的最終目標。

在新近紀，演化造就我們所熟知的馬。草原古馬（*Mery-chippus*）比設德蘭矮種馬大不了多少。牠生活在一千六百萬年前到五百萬年前的北美洲，當時草原棲息地正在取代大片的森林。這種馬肩高只有一公尺（三英尺），在那段期間的大部分時間，一直是最高的馬。草原古馬具有我們今天認識的馬的特徵：有獨特的長臉，耳朵在頭部上方，還有長頸和細長的腿。草原古馬的重要性在於，牠是最早完全適應吃草的一種馬。牠具有寬大的臼齒，有足夠的表面積與大量的琺瑯質（稱為高冠牙），能夠承受富含二氧化矽的草葉所帶來的磨損。雖然草原古馬仍有明顯的第二趾與第四趾，但每條腿上的有蹄中趾承擔了牠的體重，且有強大的韌帶支撐，讓牠能在開闊平原上奔跑。

馬是有蹄類哺乳動物，和斑馬、犀牛與貘等同屬奇蹄目動物。這些動物都以第三趾（中趾）來支撐自己的體重。就馬而言，牠們幾乎失去了其他腳趾的所有痕跡。相對於奇蹄目的是偶蹄目，包括鹿、豬、長頸鹿、駱駝、駱馬、綿羊與牛等。偶蹄目動物則是用第二趾與第三趾來支撐體重。腳趾的消失與腿變長，都是為了適應在新近紀持續擴大的乾燥草原。

現代馬起源於一百萬年前的北美洲——就地質時間來說，相對較近。體型最大的野馬是格列威斑馬（*Equus grevyi*），高約一・四公尺（四・五英尺），但馴化的挽馬如克萊茲代爾馬，身高可達一・九公尺（六英尺）以上。所有的馬都有鬃毛與尾巴上的長毛。斑馬有最特出的毛皮紋路；牠們顯著的黑白條紋可以制止昆蟲叮咬，迷

草原古馬的頭骨，具有典型的「馬型」長臉與適合碾磨禾草的寬大臼齒。

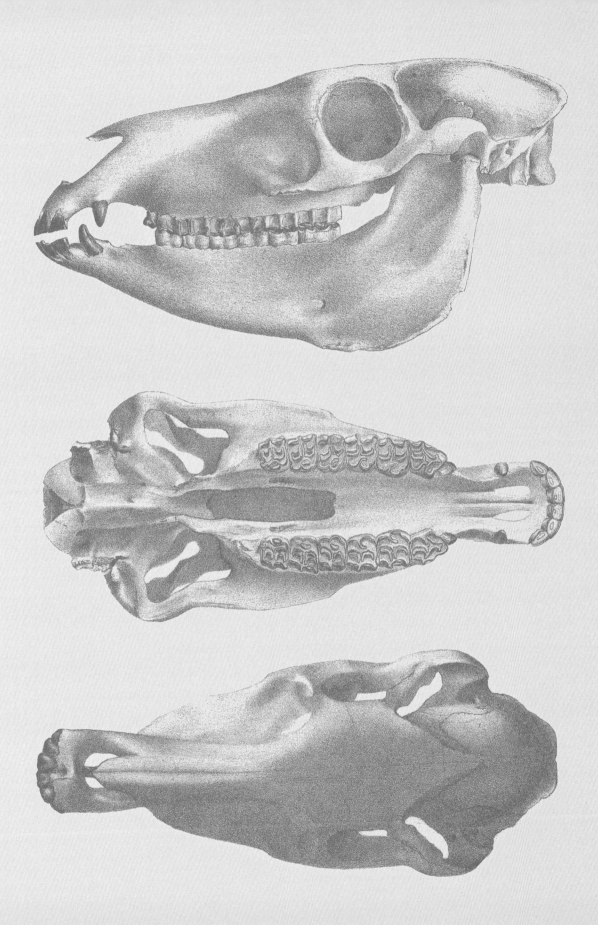

惑捕食者。大多數的馬會形成群居的社會，而每個家庭通常由一匹公馬、多匹母馬及其後代所組成。馬的演化對人類來說特別重要，人類倚賴馬的勞力已有五千年之久，至今仍以「馬力」作為衡量汽車引擎動力的單位。

漸進式演化

馬的演化通常被視為一條直線——從體型小巧的森林居民，到我們今日所知高大有力的動物。然而，從祖先到現代的品種，牠們的出現並不是線性的；在馬的演化史中，不同階段有許多不同種的馬，其中大多數後來都滅絕了。這個群體的起源可以回溯到始祖馬之類的動物，其中一種始祖馬（*Sifrhippus*）生活在五千五百萬年前的北美洲。其體型與狐狸差不多，具有短腿與五趾的腳。現在的馬都歸類為馬屬動物（*Equus*），包括馬、驢、野驢、西藏野驢與斑馬等。針對遺傳物質的研究顯示，這些馬屬動物都可以回溯到五百萬年前新近紀末期的一個共同祖先。

當歐洲人抵達美洲時，那裡並沒有野馬，但令人驚訝的是，馬最初是在北美洲演化出現的。有關馬的起源，最早的線索來自十八世紀出土於美洲的馬化石。達爾文在乘坐小獵犬號環遊世界期間，在巴塔哥尼亞發現了馬的牙齒化石，同時發現的還有已經滅絕的巨犰狳。人類的獵捕，以及冰河時期的氣候變化，可能是導致馬在美洲滅絕的原因。隨著十九世紀愈來愈多的馬化石出土，牠們的故事成了演化進程的代表：這個概念是指演化過程中，從一個形式到下一個形式，是朝著明確的最終目標呈直線發展。我們現在瞭解，任何動物的演化都不是這個情形，反而存在著許多走向滅絕的短分支；演化沒有最終目標，只是為了適應不斷變化的生態條件。

馬的馴化

若要說哪種哺乳動物改變了人類文明的進程，絕對非馬莫屬。幾千年來，人類對馬一直非常著迷，早在三萬年前就把牠們畫在洞壁上，也獵捕牠們以取得肉和皮毛。最早馴化馬的證據來自哈薩克；馬在五千多年前的波泰文化中扮演極其重要的角色。除了騎馬，陶

器中的馬奶痕跡顯示，這些人也會飼養這些可能從歐亞野生馬群馴
化而來的動物。

　　大約到了四千年前，人類開始用馬拉戰車。此後，馴養的馬
迅速在歐洲、非洲北部及中國傳播開來，被人騎乘，也為戰爭、耕
作、建設等目的拉車。數千年來，牠們（和牛一起）提供人類主要
的動力形式，能夠拉動兩倍於體重的東西，負重可達一百公斤（兩
百二十磅）。牠們讓人類在短時間內做長距離的旅行，一天之內可
走一百六十公里（一百英里），在短距離內還可達到每小時五十六
公里（三十五英里）左右的速度。

　　現代馬的祖先是其演化分支的唯一倖存者。雖然「野馬」今
天生活在中亞、澳洲與美洲等地，但我們從遺傳物質分析中得知，
這些馬都是馴化馬野化之後的後代。亞洲的普氏野馬（*Equus ferus
przewalskii*）被認為是真正的野馬，但牠們的基因與出土於波泰文
化考古遺址的馴化馬基因相似，表示牠們依然是逃逸的馴化馬的後
代，並非真正野生動物的後代。

喙頭蜥（楔齒蜥）— 獨一無二的倖存者

喙頭蜥是某個曾經遍及全球的爬蟲類群體的最後倖存者。這種具有突出背脊的高貴生物，是紐西蘭眾多稀有獨特的生物之一。紐西蘭可謂南半球的時間膠囊。這些驚人的物種讓我們瞭解到生命在各大洲的分布情況，而牠們的生物學特性也讓我們得以窺見演化的古老模式。儘管牠們撐過了數千年的地質與氣候變化，外來入侵物種與棲息地喪失，正讓牠們面臨滅絕的威脅。

　　斑點喙頭蜥（*Sphenodon punctatus*）是一種紐西蘭特有的爬蟲類。其外觀狀似蜥蜴，四肢向側面伸展，有鱗片的皮膚呈暗灰色到黃色，體長可以長到約八十公分（三十一英寸），背上有一排看來像籬笆的小尖刺——在毛利語中，牠的名稱是「背部多刺」的意思。牠雖然有耳朵，但沒有外耳孔，而且眼睛很大，看起來幾乎是黑色。牠可能被誤認為蜥蜴，但這種獨特生物是一個完全獨立的爬蟲類群體最後一個現存的代表；這個群體曾是地球上最成功的爬蟲類。

　　斑點喙頭蜥為喙頭蜥目動物，屬於一個和有鱗目動物（蜥蜴與蛇）有共同祖先的爬蟲類群體。然而，喙頭蜥目與有鱗目在兩億四千萬年前於三疊紀分道揚鑣。最古老的喙頭蜥目動物化石出土於德國，這些動物曾經生活在盤古超大陸的大部分地區。在整個中生代，牠們的種類繁多，分布廣泛，類似於今日的蜥蜴，其中有肉食者、吃植物的特化種與吃貝類的種類，也有水生物種和蛇形的動物。然而，喙頭蜥目動物在白堊紀早期開始消失，到了古近紀之始，只剩下紐西蘭還可以看到牠們的蹤跡。目前還不確定是什麼原因造成牠們在其它地方滅絕；也許和有鱗目動物的競爭，以及哺乳動物和鳥類新物種的捕食，都造成牠們的減少。

　　現在有超過一萬六百種蜥蜴和蛇，卻只有一種喙頭蜥目動物，即斑點喙頭蜥。牠們是夜行性動物，以小型脊椎動物和蛋為食。牠們白天會曬太陽取暖，不過與蜥蜴不同，在較低溫的環境依然可以活動，只是生長和繁殖的速度非常緩慢。牠們很長壽，野生個體的壽命可達六十歲，在人工飼養的環境中甚至能達到一百歲以上。

喙頭蜥看起來可能很像蜥蜴，但牠其實來自一個分布曾經遍及全球、古老且獨特的爬蟲類演化分支。

最後一脈

斑點喙頭蜥，以及其他像牠們一樣是同類中唯一的倖存者，讓生物學家瞭解演化的速度並且認識現存動物群體的共同祖先。另一個類似的例子是鴨嘴獸與針鼴，牠們是單孔目這個哺乳動物分支中僅存的成員。就像斑點喙頭蜥，牠們的分布範圍僅限於世界上的一個小區域（澳洲、塔斯馬尼亞與新幾內亞），儘管牠們的祖先曾經生活在整個北半球大陸與南美洲。單孔目動物有著其他哺乳動物沒有的獨特特徵，產卵為其中之一。

儘管這樣的動物有時被稱為「活化石」，但這個詞並沒有什麼意義。牠們也許是同類中的最後一種，但牠們的生物特徵與遺傳物質顯示，即使外表看起來沒有改變，牠們其實經歷了相當程度的分子與身體結構演化。許多可能的原因可以解釋這些動物為什麼成為家族成員中唯一的倖存者。人們認為，當牠們的親屬被新物種淘汰時，地理隔離保護了牠們，不過這樣的說法可能過分簡化。例如在澳洲，單孔目動物繼續與有袋類和胎盤哺乳動物一起繁衍，而斑點喙頭蜥則在紐西蘭與蜥蜴共存。更可能的原因是，氣候變化、棲息地改變與地理隔離等交互作用（其中也可能純粹是運氣成分），最後留下我們今日在地球上看到的生命模式。

島嶼隔離

紐西蘭與世界其他地區的不同，要歸因於它的地質歷史，那使得它在七千多萬年以來一直處於隔離狀態。紐西蘭屬於西蘭大陸，或是毛利人口中的特里烏阿毛伊島。這裡曾是南方岡瓦納大陸的一部分，約在八千萬年前脫離出來，形成自己的微大陸。這個微大陸的一部分往往被海水淹沒，但是到了大約四千萬年前，火山爆發，形成新的陸地。到了新近紀，一條斷層線將岩石抬升，形成紐西蘭南島的南阿爾卑斯山。最近的冰河期造成海平面降低，進一步暴露了島嶼的邊緣，形成我們今日熟悉的海岸線。

紐西蘭是少數幾個地方，仍然可以找到曾經遍布地球南部大陸的生物。這些生物讓紐西蘭成為重要的生物多樣性熱點，有著貝殼杉（*Agathis*）與南青岡（*Nothofagus*）之類的樹木，其中有

些物種與它們的近親也可見於南美洲與澳大拉西亞。鳥類如鷸鴕與鴞鸚鵡，以及已滅絕、狀似鴕鳥的恐鳥，都在沒有大型地面捕食者的情況下，失去飛行能力。唯一的原生種哺乳動物為短尾蝠（*Mystacina*），在森林的地面覓食，是世界上最常在地面活動的蝙蝠。這些生物之中，有許多都與南美洲與澳洲的親屬有著共同祖先，意謂牠們可能是過去三千萬年間從這些大陸過去紐西蘭的。

入侵物種

就如紐西蘭許多獨特奇妙的野生動物，斑點喙頭蜥正面臨外來入侵物種的威脅。這些外來物種被引入牠們從前不存在的棲息地，造成嚴重的負面影響。儘管障礙物被移除時，入侵性的引入會自然發生，但今日的大多數入侵物種都是人為引入的結果。幾千年來人類一直在世界各地傳播物種，然而自十八世紀以來，隨著歐洲人開始開拓殖民地，以及國際貿易路線擴大，入侵物種的引入迅速增加。

其中最著名的入侵物種為緬甸小鼠（*Rattus exulans*）。緬甸小鼠最初來自東南亞，在過去兩千年裡，可能是乘船在太平洋島嶼間航行的偷渡客。包括紐西蘭在內的太平洋島嶼，有好幾種鳥類和昆蟲都因為緬甸小鼠的入侵而滅絕。牠們甚至可能是復活節島森林被毀林的一個原因，因為牠們吃掉棕櫚樹的堅果，讓棕櫚樹無法再生。虎杖（*Reynoutria japonica*）的根被引進歐洲與北美，結果造成建築地基與道路被破壞，而且虎杖還排擠本土植物，成為世界上危害最大的入侵物種之一。

斑點喙頭蜥則是面臨非原生種捕食者如貓與老鼠的捕食。由於這些動物的引入，斑點喙頭蜥在紐西蘭本島已經滅絕，只在近海小島上苟延殘喘。現在，斑點喙頭蜥重新被引入紐西蘭北島本土的一個保護區，也再次在野外成功繁殖。然而，牠與紐西蘭其他許多獨特的原生種，都面臨一個不確定的未來。棲息地喪失與氣候變化，讓牠們本已岌岌可危的狀態雪上加霜。斑點喙頭蜥的消失不只是生物多樣性的悲劇，也將為一個驚人、古老且真正獨特的爬蟲類演化分支，劃上句號。

巨型海藻 — 最具生產力的生態系

從深色的固著器樹幹，到斑駁搖曳的樹冠，巨型海藻形成海洋中的雨林。所有海藻都屬於藻類，是地球上最早出現的生物群體之一，但巨藻森林只有在新近紀地球變冷時，才出現在溫帶海域。巨藻森林是許多海洋生物的家園，數千年來一直為人類提供食物。巨藻森林另一項不可或缺的重要性，在於幫助我們瞭解食物網與自然界錯綜複雜的生態失去平衡的影響。

巨型海藻是世界上最重要的一群生物（這些奇妙的生物不只一種），然而我們可能一輩子都不會意識到它們在海洋中的重要角色。它們是海洋的雨林，覆蓋數千平方公里的海床。巨型海藻一般為褐色，是生存在世界各地溫帶與極地海岸線的一種海藻。主要由藻葉構成，藻葉以每天半公尺（二十英寸）的驚人速度生長，最長可達六十公尺（六十六碼），底部以稱為固著器的根狀結構緊緊抓住海床。雖然在某些方面確實與植物類似，但它們實際上是藻類，是地球上最古老的生物之一，有超過十億年的歷史，存在時間是植物與動物的兩倍。讓我們的海洋如此豐饒的現代巨藻，其起源要歸功於新近紀的寒冷氣候。

藻類行光合作用，可以是單細胞生物，如矽藻，或是形成複雜的多細胞結構，如海藻。雖然海藻也利用陽光產生能量，其結構與植物完全不同，而且可以生活在淡水或鹽水中。巨型海藻約有一百二十種，形狀和大小都有很大的差異。有些巨藻有充滿氣體的囊狀構造，讓藻葉飄浮起來；有些則平躺在海床上。巨藻森林非常茂密，通常生長在湧升流從深海帶來富含營養的冰冷海水與表層洋流混合之處。它們和陸地上的森林一樣，有茂密的樹冠，在靠近海床處形成一個陰暗的微環境。

巨藻森林為成千上萬的其他生物提供棲息地：一平方公尺可以棲息多達十萬隻無脊椎動物。巨藻森林是蝦、海螺、海毛蟲與海膽的家園，且供養著無數的魚群、海洋哺乳動物及燕鷗與鸕鷀等鳥類。整體而言，它們是地球上生產力最高的生態系之一，不僅對野生動

這些屬於海帶目的巨型海藻，是經常在水底下形成「森林」的褐色藻類，也是成千上萬種動物的家園。

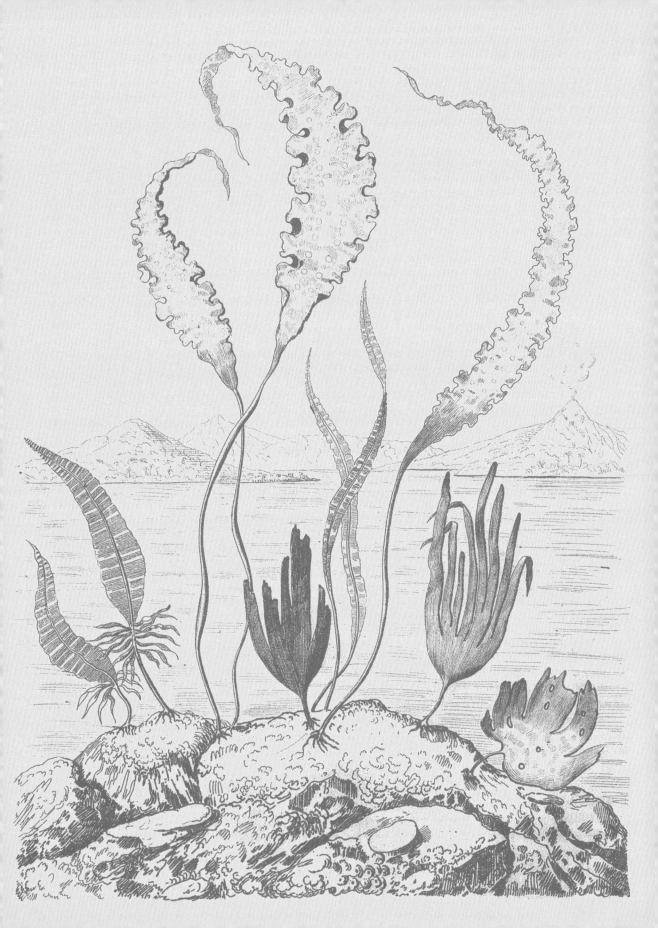

物是如此，對人類來說也是。自人類開始探索地球溫帶海岸線以來，巨型海藻提供了食物，也是工藝品與建築的材料，後來也成為工業用化學物質的來源。由於我們顛覆了地球氣候與食物網的穩定，這些生物多樣性驚人的棲息地正受到威脅，其損失可能波及世界的每一個角落。

冷卻的海洋棲息地

有很長一段時間，巨型海藻的起源不明，但我們知道地球過去三千萬年的氣候冷卻導致了巨藻森林的擴張。一般認為，巨型海藻先在北太平洋演化出現，這可能解釋了為何日本與北美洲海岸擁有最豐富的物種。

巨型海藻的演化也和許多其他動物群體有關。多虧以巨藻為食的笠貝化石，我們得知巨藻森林在新近紀末已經演化出現，因為笠貝這類動物是那個時期才出現的。在食物網的另一端，海獺（Enhydra lutris）已經適應了在巨藻森林的生活。這些特化的動物是鼬科動物，是與黃鼠狼和獾有親緣關係的食肉目哺乳動物。雖然海獺是同類中最大的動物，體重可達四十五公斤（一百磅），卻是世界上最小的海洋哺乳動物。牠們在水中悠然自在，睡覺時漂浮在水面上，將巨藻藻葉纏繞在身上，以免自己隨著洋流飄走。牠們也是少數會使用工具的動物，會利用石頭鑿開堅硬的貝殼。

巨藻產業

巨藻森林的出現不但影響了海洋的生物多樣性，也影響人類的演化。古代石器時代的定居點經常有證據顯示，人類會食用生活在巨藻森林裡的動物，如鮑魚與笠貝。甚至有人認為，海藻森林豐富的自然資源可能讓人類將它當成「巨藻公路」來使用，從東北亞遷徙到美洲。巨型藻類如公牛藻（Nereocystis luetkeana）可用於製作魚網，世界各地的沿海社群也會利用巨藻替農地施肥。

巨藻之類的海藻，富含人類工業生產過程中使用的碘與鹼。在十九世紀，人們會採收巨藻來焚燒，以製作蘇打灰（純鹼），用於肥皂與玻璃的製作。在蘇格蘭高地，由於蘇打灰需求量大，地主強

迫佃戶採收海藻，剝奪了他們藉由其他方式謀生的能力。這個產業的龐大利潤卻沒有被分配到貧窮的佃戶手中，這是促成「高地清洗」的一個很重要的原因；在這起事件中，許多蘇格蘭人移民到世界各地的殖民地。海藻提取物可以當作食品增稠劑，用於果凍與牙膏中，也可以拿來食用。例如，昆布是亞洲烹飪的重要食材。由於昆布生長快速，可利用船隻從海面上採收，是一種特別多產且容易種植的食物，而且對環境還非常友善。目前科學家正在研究如何利用巨藻來生產生質燃料。

海膽荒漠

巨藻森林為生態學家提供一個理解營養過程的基本範例：生物如何與食物網的其他部分相互作用。數千年來，人類在北美太平洋沿岸獵殺海獺。當殖民者在十八世紀從世界各地來到這裡時，海獺毛皮是他們開發的其中一項資源；這是世界上最緻密的毛皮，在服裝與飾品的需求量極大。超過一百萬隻海獺被屠殺，讓牠們在大部分的活動範圍內完全滅絕。

海獺的消失引發所謂的「營養瀑布」。當一個食物網的一部分大量減少或徹底移除，破壞了整個生態系的平衡時，就會發生這個狀況。海膽是一種覆蓋著帶刺硬殼的圓形動物，而海獺是海膽的主要捕食者。隨著海獺消失，海膽數量暴增。既然海膽以巨藻為食，不受控制的海膽大軍便摧毀了數百平方公里的巨藻森林，形成沒有什麼生物能存活下來的海膽荒漠。食物網頂層的捕食者往往是整體生態系健全與否的關鍵，而且從生命的錦繡網絡中失去任一物種，都可能帶來深遠的影響，海膽荒漠至今仍是最明顯的範例之一。

人類在歷史上一直受益於巨型海藻和依賴它們的動物，但由於我們的活動，這個美麗的生態系正受到威脅。污染與氣候變化已經對巨藻森林產生嚴重的影響，入侵物種亦然。再加上過度捕撈與狩獵，許多海岸線都遭受災難性的衝擊。除非我們迅速採取行動，否則我們可能會永遠失去這些不可思議的生命避風港。

第四紀

第四紀始於兩百六十萬年前的冰河時期。隨著超低溫在高緯度地區蔓延，我們熟知的地貌也慢慢被刻劃出來。人類在這個短暫時期的最後一段時間殖民了世界，隨著足跡所至，消滅了數百物種。我們是唯一的科技動物，也是第一種有意識將生命的未來掌握在自己手中的生物。

第四紀是自地球上出現生命以來最短的地質時期——不過無可否認，它仍是進行式。第四紀被細分為更新世與稱為全新世的過去一萬一千七百年。在最後這段短短的時間片段，複雜的人類社會才出現。

儘管地球的大陸結構在第四紀沒有什麼變化，冰河期的循環週期性地吸收大量淡水，使得全球海平面下降超過一百公尺（三百三十英尺），讓大陸之間的陸橋裸露出來。目前擁有全球二一％淡水的北美洲五大湖區，先是由移動的冰層刻劃出來，然後隨著冰川融化而加深並填滿。世界上的其他地區變得乾燥，擴大了最早出現於新近紀的乾旱地區，形成撒哈拉沙漠、納米比沙漠與喀拉哈里沙漠。

大多數的第四紀動物都是我們認識的，但也有一些例外，比如大地獺與奇異的長頸鹿親屬。冰河時期的哺乳動物如劍齒虎和真猛獁象，則是在冰川的邊緣地帶繁衍生息。許多動物在一萬一千五百年前就已滅絕了。這些消逝往往與現代人類活動範圍的擴大相吻合，但我們仍然不清楚我們的出現在多大程度上促成了這些動物的消亡。其他在第四紀滅絕的動物，還包括馬達加斯加的象鳥、紐西蘭的恐鳥，以及最近的數百種動物，包括渡渡鳥、袋狼與旅鴿。人類造成的棲息地破壞、環境污染與氣候變化，是目前地球生物多樣性的最大威脅。

冰河時期

雖然冰一直是地球上時多時少的特徵，但第四紀出現了自元古宙末期「雪球地球」以來最廣泛也最穩定的冰層覆蓋。在極盛時期，冰河從兩極一直延伸到緯度四十度的區域，永凍層甚至延伸到緯度更低的地方。冰層的大小和範圍一直在波動，規模最龐大的稱為冰河期，最小的被稱為間冰期。

大約一萬兩千年前，在最後一次冰川極盛期，地球表面有將近三分之一被冰覆蓋，範圍遍及歐洲、俄羅斯、蒙古、中國北部、阿拉斯加與加拿大。在南半球，冰

川覆蓋了巴塔哥尼亞與紐西蘭。這些地區現在正經歷著「後冰期回彈」，原本被厚重冰層往下推的板塊再次向上推升，導致土地以平均每年一公分的速度增高，而且速度通常更快。

南、北半球靠近兩極的許多地理景觀，都是在冰河時期形成的。冰河可深達三公里（將近兩英里），儘管看來是靜止的，冰層實際上會移動，就像慢動作的河流。冰河刮擦著下面的土地，移走大量土壤與岩石，刻劃出獨特的 U 形山谷。

米蘭科維奇循環

為了瞭解氣候如何運作，我們要看的不只是大氣與水循環，還有地球的運動與傾斜。地球在太空中並非直立的，在繞著太陽公轉時會傾斜，自轉時也會搖擺。這些運動的模式，是塞爾維亞天文學家暨地球物理學家米盧廷·米蘭科維奇（Milutin Milanković, 1879-1958）計算出來的，也以他的名字為名。

米蘭科維奇循環主要有三。第一個是偏心率，描述地球如何繞行太陽運動。在四十一萬三千年的過程中，這個環道有圓形到橢圓形的變化。第二個是轉軸傾角，指兩極從垂直方向傾斜的角度，每四萬一千年在二十二·一度到二十四·五度之間變化。第三個是進動，即行星的「搖擺」，每兩萬五千七百七十一年發生一次，是三個週期中最短的一個。

這些週期對我們的氣候有著深遠的影響，因為它們會改變地球與太陽的距離，改變地球高緯度地區接受到的太陽輻射量，以及地球季節性週期的強度。人們認為這些週期有時會恰好重合，放大它們的影響力。

人類世

人類是類人猿的分支，在第四紀逐漸散播至世界各地，大量繁殖，最終塑造了整個大氣層，並徹底改變了陸地與海洋。

一些研究人員建議在第四紀之中增加第三個時期：人類世。這標示出最近幾百年到幾千年的時間，也就是人類對地球生物圈的影響，不僅可以藉由對生物生命的影響來衡量，在岩石紀錄上也可以測量出來。雖然目前並沒有被正式承認為一個地質時期，人類世經常用以指稱工業革命以來的這幾百年。

我們現在面臨所謂的第六次大滅絕。生物消失的規模，以及對地球本身的破壞，無疑會在化石紀錄中顯現出來。在我們努力應對氣候變化的同時，也面臨一個不確定的未來，但我們不僅是第一個有能力從根本上破壞地球的動物，也是第一個有能力拯救它的動物。

真猛獁象 ── 冰河時期特化種

真猛獁象是一種在冰河時期生活在北半球草原的大象。牠特別發展出在持續寒冷的環境中生長的適應能力。猛獁象大約在四千年前才滅絕,其化石仍保有遺傳物質,能讓我們瞭解冰河時期生存的遺傳學,也將牠們置於是否讓滅絕動物復活的辯論核心。

真猛獁象(*Mammuthus primigenius*)是冰河時期識別性最高的一種滅絕動物。這些龐大的植食動物出現在大約四萬年前,直到大約四千年前才滅亡。牠們有又長又彎的象牙與高高的額頭,最北端的物種有又長又濃密的皮毛,顏色從淺褐色到深巧克力色都有。牠們的肩高超過三公尺(十英尺),體重高達六噸──類似於現代的非洲象。雄性與雌性都具有令人印象深刻的象牙,用於防禦可能攻擊其幼仔的捕食者,同時也用來與其他猛獁象爭奪領土與配偶。這些近代的龐然大物,在貧瘠的土地上長途跋涉,在冰河時期的嚴寒中,養育了一代又一代的象群。

雖然我們傾向於將牠們設想為單一物種,實際上,猛獁象屬之下有很多不同的物種與亞種。遺傳物質研究顯示,與牠們親緣關係最近的現存物種為亞洲象,但牠們最早可能是從一種名為亞平額猛獁(*M. subplanifrons*)的非洲物種演化而來,最後散布到整個歐亞大陸。由於當時的低海平面暴露了連接西伯利亞與阿拉斯加的陸橋,猛獁象得以遷徙到北美洲。體型最大的猛獁象是生活在北美草原的草原猛獁(*Mammuthus trogontherii*),其高度可達到相當驚人的四公尺(十三英尺)。體型最小的是侏儒猛獁(*M. exilis*),生活在加州海岸外的海峽群島,身高跟人類差不多。

真猛獁象滅絕的原因有很多爭議,但氣候變化與人類狩獵是主要因素。牠們偏好的棲息地隨著氣候變暖而縮小,但牠們的衰退也與人類分布範圍的擴大同時發生,而我們從考古學證據中得知,人類確實會獵殺猛獁象。有可能是,猛獁象的繁殖速度緩慢,補充族群數量的速度卻不夠快,以至於無法在人類的猛烈攻擊下倖存。最後一批猛獁象生存在北冰洋的弗蘭格爾島。由於海平面上升,這些

猛獁象是最著名的一種滅絕動物,整個北半球都有牠們的骨骼、象牙與冰凍屍體出土。

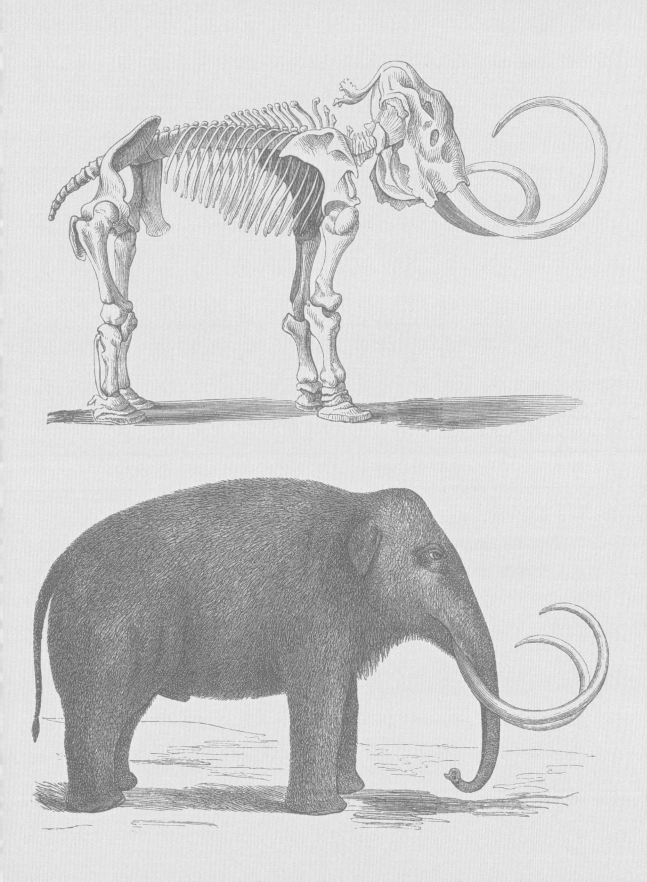

猛獁象與西伯利亞本土隔絕，一直存續到三千七伯年前。遺傳物質研究顯示，牠們因為近親繁殖而受到有害的基因突變之苦，影響了牠們的脂肪儲存與整體健康。人類的獵殺最終加速牠們的滅絕。

巨型植食動物

　　猛獁象在更新世時期寒冷乾燥的苔原上繁衍生息。這些地方有低矮的草、莎草與草本植物，在最南端則有零星的灌木與樹木。猛獁象與披毛犀、野牛與馬，以及狼、劍齒虎、洞鬣狗與熊等共享這片景觀。

　　猛獁象需要吃下大量的植物：每天可達一百八十五公斤（四〇八磅），相當於十個乾草捆。牠們肌肉發達的身軀可以撕扯禾草，從樹枝上扯下樹葉，改變整個景觀。牠們就像現代大象，在成年後仍會不斷更換臼齒，新的臼齒從頜骨後面長出來，舊的臼齒從前面掉出去，就像在輸送帶上。在現代大象身上，這種情況在一生中會發生六到七次。在所有已知的大象中，猛獁象擁有最複雜的脊狀齒，半球形頭骨中的巨大肌肉能讓牠持續咀嚼。冰凍小猛獁象的胃裡曾發現成象的糞便，小象之所以吃下這些糞便，是因為牠們的牙齒還沒有完全發育，無法為自己磨碎新鮮的植物。

**寒冷天氣的
狹適應者**

　　對寒冷氣候的適應是哺乳動物的特質。世界很少像今天這樣寒冷，哺乳動物有皮毛，而且是溫血動物，這讓牠們能夠承受極端的溫度。除了猛獁象，也有其他動物在冰河時期蓬勃發展，如大地獺、短臉熊與洞熊、巨河狸與乳齒象等——乳齒象是一類與猛獁象親緣關係不太近的大象。有些冰河時期的動物至今依然存在，例如野牛與麝牛、馴鹿、北極地松鼠、海象與高鼻羚羊。這些動物的分布大多被限制在地球的高緯度地區，即氣候最適合牠們的地方。

　　為了在冰川邊緣的寒冷中生存，真猛獁象有著厚重的皮毛與長達一公尺（三英尺）的粗硬護毛。這些皮毛覆蓋著下面具絕緣效果的緻密短毛。牠們的皮毛因為皮膚分泌的油脂而保持光澤與防水性。猛獁象可能會季節性地換毛，在岩石上磨蹭好讓身上的毛髮脫

落。這方面的證據可以在巨大的岩塊表面找到;在猛獁象肩高的位置,因為數百年的習慣性摩擦而被磨得光滑。猛獁象的耳朵非常小,尾巴也很短,在氣溫驟降時可將凍傷機率減至最低。牠們特有的駝背外觀是由儲存在肩頸的厚脂肪層所形成的,脂肪層可厚達十公分(四英寸)。這個特徵甚至可以在幼仔身上看到。脂肪幫助牠們抗寒,也在食物匱乏時提供能量。

猛獁象對寒冷的適應,甚至可以在牠們的遺傳物質中一窺端倪;這些遺傳物質,是從北美洲育空地區與西伯利亞北部永凍土中凍結數千年的屍體中提取的。冰冷的環境條件通常會阻礙身體向細胞輸送氧氣的能力,但猛獁象的基因顯示,牠們的血紅蛋白發生突變,可以在持續寒冷的環境中向身體各處有效運輸氧氣。

猛獁象與人類

猛獁象在人類歷史與文化中扮演著重要的角色。人類(包括直立人與尼安德塔人)與牠們共存,獵殺牠們以取得牠們身上的肉,並用牠們的骨頭、皮毛與象牙製作工具、衣服與雕刻品。猛獁象是史前岩畫經常描繪的動物,僅次於野牛與馬。這些藝術品顯示,猛獁象行群居生活。在一萬五千年前到四萬年前的東歐與俄羅斯,人類會用猛獁象的骨頭來打造遮蔽處。西伯利亞原住民經常將他們在永凍土中發現的猛獁象象牙用作雕刻材料,並拿來交易,最遠可達中國與西歐。猛獁象的骨頭曾被視為屬於神靈或大型的地底動物。

十八世紀與十九世紀的西方科學家相信,猛獁象與牠們的親戚乳齒象可能仍然存在於歐洲人尚未抵達的新大陸部分地區。十九世紀初,探險家梅里韋瑟·路易斯(Meriwether Lewis)與威廉·克拉克(William Clark),在美國總統湯瑪斯·傑佛遜(Thomas Jefferson)的要求下,在北美旅行中尋找這些動物。他們沒有發現任何活體,卻帶回可幫助科學家研究滅絕大象的骨骼,人們因此更能夠接受滅絕的概念。

渡渡鳥 — 非自然滅絕

渡渡鳥在初次與人類遭遇後就迅速消失了，所以當世界上大多數人聽說這種奇妙的鳥時，牠已經永遠消失了。這種鳥只存在模里西斯，現已成為地球歷史上非自然滅絕事件的象徵。儘管有人呼籲重新複製因沉重的人類足跡而消失的動物，但不斷加劇的生物多樣性危機，需要的不僅僅是快速讓生物復活。否則，我們都可能步上渡渡鳥的後塵。

渡渡鳥（*Raphus cucullatus*）有圓潤的身體與碩大的頭與喙，是個外型滑稽的滅絕典型代表。儘管歷史上渡渡鳥的形象很滑稽，我們對這種不會飛的鳥所知不多，儘管牠一直到三百六十年前才被人類趕盡殺絕。渡渡鳥的遺骸顯示，其身高約有一公尺（三英尺），但是曾經造訪其家園模里西斯島的人的第一手描述，著實眾說紛紜。有些人說牠是灰色，有些人說是褐色，羽毛光滑或蓬鬆凌亂，有時候有彩色的喙，有時沒有。這些混亂的描述可能是因為渡渡鳥換羽的季節變化，或是雌鳥與雄鳥之間的差異。許多最著名的渡渡鳥圖像，是在牠們滅絕很久之後才創作出來。除了零星的骨頭外，遺留下來的唯一軟組織是英格蘭牛津大學自然史博物館的一件頭部乾製標本。

這種動物笨拙、愚蠢的形象是捏造的；事實上，牠非常適應牠居住的生態系。渡渡鳥是從會飛的祖先演化而來，牠們抵達的時候，這座孤島並沒有在地面活動的捕食者。由於食物供應充足，牠們失去飛行的需求與能力，完全變成陸生動物。牠們可能以掉落的果實、堅果、種子與根為食，也會吞下稱作胃石的小石頭來幫助消化——這是牠們古老的恐龍親戚率先使用的技巧。與渡渡鳥親緣關係最近的現存動物是綠簑鳩，這種外形豔麗的動物來自印度與馬來群島。渡渡鳥也和生活在鄰近島嶼、同樣因為人類到來而滅絕的羅德里格斯渡渡鳥（*Pezophaps solitaria*），具有親緣關係。當你讀到荷蘭船海豚號（Bruin-Vis）船員的記述時，會發現牠們的消失並不令人驚訝。在一六〇二年某次造訪中，船員殺了二十五隻渡渡鳥，提供的食物遠比他們一餐能吃的還要多。

渡渡鳥已成為滅絕的代名詞，在短短幾十年間就被獵殺殆盡。

230

就像許多棲息地沒有陸地捕食者的動物，渡渡鳥並不怕人。這讓牠輕易成為飢餓水手與他們所帶來動物（如狗與豬）的目標，牠們的巢穴也因此被襲擊。在這種奇特鳥類第一次被記錄下來的六十四年後，牠就消失了。這個驚人的損失讓人們第一次意識到，人類可以永遠消滅一整個物種。渡渡鳥是滅絕的象徵。可悲的是，牠絕非地球上最後一個因為人類粗心大意而滅絕的奇妙動物。

自然損失

當一個物種的最後一個個體死亡，就發生了滅絕。如果一個物種剩下的個體數太少，無法補充族群數量，那麼物種可能在真正滅絕之前就已經「功能性滅絕」了。儘管滅絕通常被視為負面事件，卻也是地球生命的自然發展。新物種透過物種形成的過程演化出現，滅絕則是這枚硬幣的反面。平均而言，一個物種在被其他生物取代或演化成新的形式之前，會存在數百萬年。曾經存在過的所有物種現在幾乎都滅絕了，相當於數十億種獨特的生物。儘管現今地球上的生命多樣性令人震驚，這只是我們在地球化石紀錄史詩般的龐大範圍內，看到的極小一部分。

大滅絕事件則相對罕見，在生物多樣性急劇下降、滅絕速度超過物種形成速度時發生。在過去五億五千萬年間，曾有五次大滅絕事件，以及許多規模較小的滅絕事件。大滅絕事件的規模是以滅絕物種或屬的百分比來衡量，而不是以實際生物的數量。例如，假使屬於同一物種的數百萬個體死亡，這構成一個滅絕事件；如果只有幾千隻動物死亡，但牠們分屬數百個不同物種，這就是一個規模更大的大滅絕事件。這是因為多個物種同時消失，對食物網與生態系的影響要大得多，會對地球生命產生長期的影響。

與之前由火山爆發等自然災害造成的滅絕事件不同，目前的第六次大滅絕事件是人類造成的。我們從化石紀錄中得知，目前的滅絕速度超過了以往的事件，而且沒有減緩的跡象。有些科學家認為，這次滅絕事件在很早之前、人類開始散布到全球各地時就開始了。在十三萬兩千年前至一千年前，大約有一百七十七種大型哺乳動物

渡渡鳥唯一留下的軟組織是帶有皮膚的頭（上），只能讓人揣測這種奇特動物可能的原始外觀（復原圖，下）。

滅絕；研究顯示，這些滅絕事件中至少有六四%與人類的擴散有關。也就是說，我們對生物多樣性的影響，比氣候、棲息地，甚至最後一個冰河期結束等自然變化都來得大。

國際自然保護聯盟是一個全球生物多樣性的調查組織，該組織發現其調查物種中有二七%正面臨滅絕風險。在過去三世紀裡，至少有五百七十一個物種消失，現在更有多達一百萬種動植物面臨永遠消失的危險。

狩獵與捕魚構成了一部分威脅，但人類為了耕作與建築進行開發所導致的棲息地喪失，可能是滅絕的主因。除了不幸喪失五億五千萬年演化累積出的生物多樣性，這些滅絕事件也威脅著人類的未來。滅絕正在瓦解整個營養循環與食物網的平衡。資源以及生態系服務如清潔水與吸收碳的損失，都對地球和我們自己形成深遠的負面影響。

讓牠們復生

在過去幾十年間，人們對於復活已滅絕物種或「生物復活」的想法，愈來愈感興趣。儘管原本只是幻想，但諸如遺傳物質提取與選殖等新技術，已經讓這個想法變得觸手可及。要讓失落物種起死回生的夢想成真，除了科學上的技術困難，研究人員與公眾都必須努力解決由此而生的倫理道德問題。

生物復活有一個更容易實現的選擇，是有選擇性地繁殖動物，讓牠們具有滅絕祖先身上的特徵。這種形式的人為選擇直截了當，但其結果是否真能代表已滅絕動物，則值得商榷。更具爭議性的是，有人提出可以選殖已滅絕動物。這需要保存完好的遺體，有人建議以真猛瑪象為對象。猛瑪象木乃伊通常保有毛髮、皮膚與器官，研究人員可用來繪製出牠們的基因與蛋白質。有些人認為，可以用這些遺傳物質讓猛瑪象復活，將猛瑪象的基因與現存大象的基因混合，以填補基因空白。

復活生物，除了技術上的挑戰（甚至是不可能的），並無法解決我們持續性滅絕危機的根本原因。如果這些動物在容易出錯的選

殖過程中倖存下來，在牠們賴以生存的氣候與生態系都已消失的情況下，還不清楚能帶來什麼好處。批評者指出，選殖過程涉及的龐大開支與精力，最好投注在保育工作，以及開發具永續性的新科技，以阻止對自然世界的破壞。在我們解決棲息地喪失、污染與氣候變化的問題之前，讓那些被我們消滅的許多動物重新復活，可能並非明智之舉。無論如何，由於奇妙又奇特的渡渡鳥遺留下來的身體殘骸如此之少，這種鳥不太可能再次出現在地球上了。

果蠅 — 科學的昆蟲

蒼蠅塑造了我們的現代世界，以及我們的未來。牠們每年間接殺死的人比任何其他生物都多，卻是我們演化、生物學與醫學知識的基礎。果蠅是一種科學的蒼蠅，可見於世界各地的實驗室——甚至去過太空。這種不起眼的生物，讓我們瞭解我們的世界與我們自己是如何運轉。

黑腹果蠅（*Drosophila melanogaster*）可能不是每個人都熟悉的名字，但這種迷你蒼蠅在各大洲都可見到，也稱為果蠅（*Drosophila*），成蟲只有大約一公釐的長度，身體從淺黃色到褐色或黑色都有，眼睛為紅色。牠最早來自非洲，不應與其他被視為農業害蟲且會危害健康的「果食蠅」相混淆。儘管牠在廚房裡不受歡迎，但牠不會傳播任何疾病，基本上無害。這種微小生物是人類研究領域中最重要的動物之一，也是六座諾貝爾科學獎的源頭。

果蠅在二十世紀開啟了牠們的科學生涯。牠們繁殖快，容易飼養，基因體小，用於研究實驗，少有倫理道德方面的抗議聲浪。這讓牠們成為遺傳（生物特徵從親代到後代的傳遞方式）這個題材的理想研究對象。我們對遺傳學和環境在演化中所扮演角色的許多突破，都來自果蠅研究，而且牠們仍然繼續以各種方式擔任「模式生物」。儘管人類與果蠅在生命樹上的分支相隔了數千年，但人類與果蠅仍有六○%左右的基因相同，這一點讓果蠅在醫學研究中非常有用，包括癌症治療以及對抗阿茲海默症的研究。

英文的「fly」一詞幾乎無法描述此群體之演化多樣性的驚人廣度。雖然許多昆蟲的英文名稱都包含「fly」一字，但嚴格來說，這個字是雙翅目昆蟲的通稱。最早的雙翅目昆蟲化石來自三疊紀，演化至今，雙翅目包含大蚊科昆蟲、蚋、馬蠅、食蚜蠅、蠓與蚊子等。這些昆蟲擁有一對翅膀，讓牠們非常靈活；有大的複眼；取食時用的是能刺穿與吸食的口器。牠們六隻腳的末端都是有「墊」的小爪子，墊子能產生靜電，讓牠們附著在最光滑的表面上。

現在，除了南極洲外，雙翅目昆蟲遍及全球。雖然已有描述的

人類許多的科學進步都要歸功於黑腹果蠅。這些微小的「模式生物」，甚至曾經搭太空船進入太空。

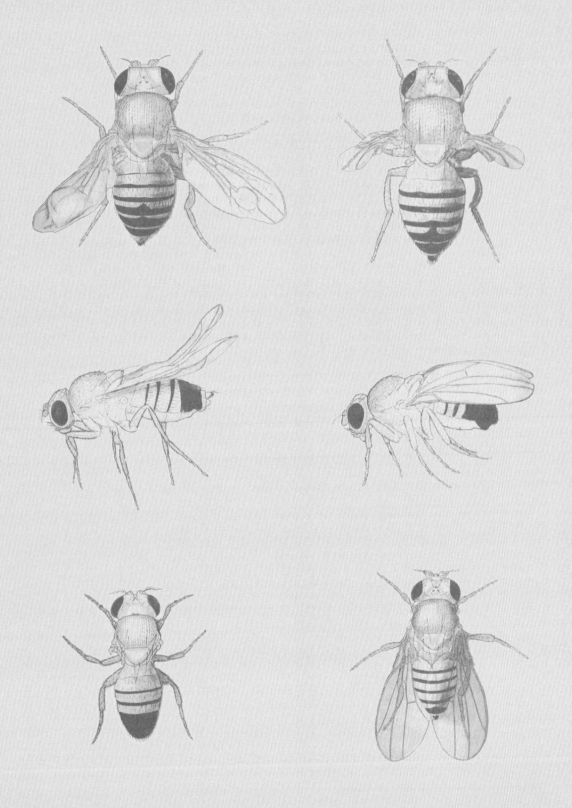

雙翅目昆蟲超過十五萬物種，但還有更多物種尚待發現。牠們是僅次於蜜蜂的傳粉者，而且可能是最早提供這種服務的動物之一。體型最大的雙翅目昆蟲為巨型擬蜂虻（*Gauromydas heros*），可以長到比人的手指還長，翼展有十公分（四英寸）。大多數雙翅目昆蟲都比較小，其中最小的是微蚤蠅（*Euryplatea*），這種寄生動物會在體型同樣小的螞蟻頭部產卵，幼蟲孵化後會把寄主吃個精光。許多蒼蠅都是寄生動物，會在其他動物的肉裡產卵。有些以腐肉、糞便、植物物質或真菌為食，這讓牠們成為全球各地生態系的重要回收者。蒼蠅透過探測空氣中的氣味及味道來定位食物，也會使用腳上的化學感受器，在食物上走一走就能夠品嚐。吸血昆蟲可探測到動物呼出的二氧化碳，或是感知體溫以確定目標位置。蒼蠅也是其他昆蟲、動物，甚至植物如捕蠅草（*Dionaea muscipula*）的豐富食物來源。

蒼蠅王

毫無疑問，雙翅目昆蟲有其黑暗面。儘管牠們對食物網有著許多正面的重要貢獻，在大多數文化中，牠們被視為疾病、甚至邪惡的來源。牠們自然而然地與疾病和腐爛聯繫在一起：許多傳染病都是透過雙翅目昆蟲叮咬傳播的——尤其是蚊子。家蠅在世界各地散播食媒性疾病，享受人類居住地的溫暖與供應過剩的食物。蒼蠅也會在牲畜之間傳播疾病如青蠅蛆，而且會損害農作物。

光是蚊子，就成了當今地球上最大的人類殺手，因為牠們會散播登革熱、西尼羅病毒、黃熱病、茲卡病毒與瘧疾等等。作為疾病的傳播媒介，牠們每年造成的死亡人數遠超過一百萬人。這種致命的傳播甚至被用作戰爭武器：在第二次世界大戰期間，低空飛行的飛機向中國部分地區投下裝滿蒼蠅與霍亂漿液的炸彈，至少造成四十四萬人死亡。

在許多文化中，蒼蠅與死亡有關，比方舊巴比倫帝國的死神內爾伽勒的象徵。在基督教神學中，魔鬼別西卜被稱為蒼蠅王。牠們的形象常見於藝術作品，從古代美索不達米亞蒼蠅形狀的青金石

珠，到超現實主義繪畫中的描繪等。就牠們釋放的恐怖氣息，蒼蠅持續的存在實在讓我們難以逃避。

模式生物

果蠅是我們第一批送進太空的動物。一九四七年，V-2 火箭將果蠅與苔蘚帶出大氣層，再乘著帶有降落傘的特殊太空艙返回地球。其目的是研究輻射暴露的影響，果蠅返回地球後，沒有顯示任何輻射引起的突變。果蠅繼續陪伴太空人執行載人的太空梭任務，在太空中度過漫長的時間。這讓研究人員研究太空旅行對其免疫系統和生物學上的影響，並開發出讓太空人保持安全健康的方法——這是針對未來幾十年更長時間的月球登陸與火星登陸飛行，進行的重要準備。

果蠅並非唯一證實對科學有用的蒼蠅。在犯罪現場，蒼蠅總是最先到達，屍體上蒼蠅幼蟲的存在，讓鑑識科學家對死亡時間與棄屍方式做出驚人準確的估計。麗蠅與牠們的蛆，就是以這種方式利用屍體的一種動物。在醫學上，蛆可用來清理傷口上的壞死組織。

科幻小說《侏羅紀公園》中有一個著名場景，保存在琥珀中的吸血蚊子提供了恐龍遺傳物質的來源，被用來選殖這些動物，將牠們復活。然而，這純屬虛構：選殖技術尚未發展到能讓即使是滅絕未久的生物起死回生的地步。即使真有這樣的技術，遺傳物質也無法存活數百萬年，叮咬恐龍的雙翅目昆蟲的胃部內容物，也不太可能提供完整的遺傳物質。

人 — 人類的演化

什麼讓人類這種動物獨一無二？在我們居住在地球上相對極短暫的地質時間內，我們已經從根本上改變了它。人類是第四紀的生物，經過冰河時期與氣候變化的鍛造。我們利用自然界的絕妙資源，打造我們的生活，滿足飢餓感，建造庇護所，創造藝術與神話。從最早的石材工藝到軌道衛星，我們經歷了非凡的旅程，但我們的破壞性存在也將玷污未來幾千年的岩石紀錄。

人類（智人，*Homo sapiens*）習慣將自己與其他動物區隔開。但我們只是另一種靈長類動物，與黑猩猩和倭黑猩猩約有九九％的遺傳物質是相同的。現代人類已經存在了大約十五萬年。我們的毛髮相對少，有巨大且發達的腦。人類腦部的大量灰質促進了複雜科技、語言、自我反省、藝術與音樂的發展。儘管如此，我們經常成為與我們一起生活的動物的大餐；早期人類物種的化石包括被鱷魚與豹吃掉的殘骸化石。死於大型野生捕食者的事件仍時有發生，不過與狗、蛇與蚊子造成的數萬人死亡相比，依然少得多。儘管生來無助、成熟緩慢且缺乏鋒利的牙齒、爪子或快速奔跑的能力，但複雜的認知能力讓我們具備生存能力，讓我們成為強大的物種——也是地球第六次大滅絕的締造者。

靈長類動物的起源可以回溯到更猴（*Plesiadapis*）等身形細長的小型動物，牠們生活在白堊紀末大滅絕事件之後的時期。在一千五百萬到兩千萬年前，所有現存猿類的最後一個共同祖先演化出現，而人類與大猩猩的最後一個共同祖先則生活在八百萬年前。我們與黑猩猩的演化支系直到更近期才分開，大約在七百萬到四百萬年前。人屬動物的最古老化石，出現在兩百三十萬年前，接近第四紀初期，這也讓這個時期成為真正的人類時代。

我們曾把人類演化設想成直線型的血統，但在過去幾百萬年間，其實有超過十五種早期人類或人族動物曾經存在這個世界上。牠們經常共存，甚至雜交。過去五十年的化石發現，為人類的演化故事增添不少新面孔，但是關於這些人族動物到底該放在人類系譜

我們是過去幾百萬年間演化出的最後一個人屬物種。我們的現代科技與文明只有幾千年的形成過程，與地質時代的宏偉著實相形見絀。

圖的哪個位置，科學家仍然爭論不休。可以肯定的是，「人類」這個詞所包含的多樣性，遠比我們原本想像的要大。人類的發展，可追溯到早期知道用火和創造工具的零散人群，一直到現在大多數生活在城市裡且還在增加的七十八億人口。自工業革命以來，人類加速他們對地球的影響。造就我們獨特性的智慧，也威脅著我們所知的地球的生存。

人之所以為人

人類的獨特之處在於我們直立行走的姿勢，以及運用語言與製作工具的能力——儘管這些能力也可見於其他動物群體。從體重與腦的比例來看，人類的腦很大——幾乎是黑猩猩或大猩猩的三倍。有些研究人員認為，隨著非洲氣候與棲息地的變化，人類發展出雙足步行的能力，以節省能量並長距離移動。這順帶解放了我們的雙手，讓我們得以用手來覓食或搬運。用兩條腿走路，對我們的骨架產生根本性的影響，重新調整並改變了骨盆、脊柱與腿部關節的形狀。儘管在某些方面確實帶來好處，這也有許多缺點：人類的背部與關節問題與我們的直立姿勢有關，而且分娩時也比其他靈長類動物來得困難。腦部大小與產道大小和方向之間的平衡，可能是人類嬰兒在出生時如此無助且未充分發育的其中一個原因。大多數其他靈長類動物幾乎是一出生就能行走、攀附並模仿成年個體，人類的童年卻很漫長，性成熟也相對較晚。

我們可以透過化石紀錄中的不同人種來追蹤腦部比例的增加，但腦部的結構可能與它的大小一樣重要。我們倚賴考古學來尋找複雜文化出現的線索。石器形式的技術提供了證據，而研究人員研究這些工具如何產生，以追蹤不同人種的發展。第一個可識別的石器製作，可追溯到大約三百三十萬年前，可能是來自人族中的南方古猿（*Australopithecus*）。到第四紀開始，巧人（*Homo habilis*）這個人屬中最古老的成員，已經開發出新的石藝技術，用於屠宰動物，以及加工皮革、植物與木材。

人類心理與社會發展的另一個證據，來自早期人族成員處理

死者的方式。一些最古老的人類墓葬來自以色列，其中有十具智人
屍體被小心翼翼地放置在名為「顱骨洞」的山洞裡。這些遺體可追
溯到十萬年前，也就是說，至少在那個時候，古代人類已經有死亡
相關的複雜社會活動。其他物質文化，包括合作狩獵與毛皮處理，
至少二十萬年前的尼安德塔人和早期智人也具備這樣的技能。洞穴
壁畫與雕刻品等具象藝術，被視為人類的認知完全現代化的重要特
徵，一直要到五萬年前才出現。

擴散與影響

智人最早的起源在非洲境內。其中有些人比較早開始進入歐亞
大陸，但古老的遺傳物質告訴我們，所有現存人類都來自大約十萬
年前的一個小群體。擴散可能發生了很多次，這讓人類演化出現的
的狀況難以解釋。我們知道，這些人類遇上了其他人族，包括尼安
德塔人（*Homo neanderthalensis*）與丹尼索瓦人。他們之間的雜交
似乎很普遍，現代人類身上有多達六％的遺傳物質可以回溯到這種
雜交。現在，人類是唯一倖存的人族動物。我們至少在七萬年前抵
達東亞，幾千年後，穿過印尼到達澳洲。要一直到四萬兩千年前，
人類才出現在中歐或西歐。其他人可能在這段時間橫渡到美洲——
在最後一次冰河期末期，人類又重複了這個旅程。

在過去十萬年間，人類對動物多樣性產生非常大的衝擊。人
類在世界各大洲的出現，往往與許多動物物種的消失同時發生，尤
其是那些被獵殺的大型哺乳動物。人類不僅影響了動物族群，也塑
造了棲息地。自從上一個冰河期結束後，人類作為狩獵採集者、牧
民與最終的農民角色，全都產生了影響。即便在亞馬遜雨林這類許
多人眼中原始且未受破壞的環境中，植物的選擇、森林的砍伐與野
火區的改變也很明顯。尤其是在草原上用火燒提高土地生產力的作
法，徹底改變了生態系，也改變了水循環，釋放出二氧化碳。隨著
人口增加，這些影響愈來愈大，而在過去的兩百年間，工業革命更
是迅速加快人類對地球帶來的不利影響。

我們的未來

———————

人類無疑是地球上最特別的居民之一。然而，許多被我們視為物種標誌的東西，在所有動物的脈絡下來看並不是那麼獨特。其他生物有更大的腦（如大象），會使用工具（烏鴉），在複雜的社會群體之間進行交流（海豚），會養殖（螞蟻），對氣候與生態系有全球性的影響（藻類與蚯蚓）。然而，我們可以說，這些特徵在人類身上一起出現了。再加上我們的技術、龐大的人口與社會網絡，我們達成在這個星球上前所未見的事蹟。解決氣候變化與資源日益稀缺的問題，是我們目前面臨的兩大挑戰。科學家同意，氣候變化正在發生，但其嚴重程度將取決於我們為了減少溫室氣體排放所做出的努力。

在最遙遠的未來，無論人類是遏止了他們對地球的負面影響，還是完全從地球上消失，地球都會自行導正。我們的存在會在岩層之間留下紀錄，代表破壞的薄薄一層，就像過去的小行星撞擊一樣。根據過去的滅絕事件，生命大概需要大約一千萬年的時間，才能從目前人類引起的大滅絕事件恢復過來。在接下來的兩億五千萬年，會有一個新的超大陸合併，再次徹底改變全球的氣候。到那個時候，我們幾乎耗盡的化石燃料儲備，將因為數千年不間斷的自然生長、腐爛與埋藏而獲得補充。

五億年後，不斷增加的太陽熱能，會開始破壞地球週期脆弱、但恰到好處的平衡。到十億年後，地球上的複雜生命可能不復存在。雖然地質時間對我們來說很漫長，但是在宇宙的宏偉藍圖中，地球上所有的複雜生命都是在宇宙吸一口氣的短暫時間中演化出來的。誰知道天擇在宇宙其他許多可居住的世界上，造就了什麼奇蹟，讓它們短暫地閃爍著生命的光芒？

圖片出處

以下頁數的圖像由葛蕾絲·瓦納姆 (Grace Varnham) 繪製：31, 33, 57, 66, 105, 115, 119, 133, 169, 177, 191

其餘圖像，皆由以下圖庫提供：

頁6：左上：Ken Welsh/Bridgeman Images；左中：Zu_09/iStock by Getty Images；左下：Ilbusca/Getty Images

Pages 6–7：中：Science History Images/Alamy Stock Photo

頁7：右：Nastasic/Getty Images

頁25：AF Fotografie/Alamy Stock Photo

頁27：Artokoloro/Alamy Stock Photo

頁41：Paul D Stewart/Science Photo Library

頁43：Biodiversity Heritage Library from *Traité de Paléontologie*, J.B. Ballière, 1853–57.

頁45：John Sibbick/Science Photo Library

頁49：上：Library Book Collection/Alamy Stock Photo；下：Science History Images/Alamy Stock Photo

頁51：上：Nastasic/Getty Images；中：Nastasic/Getty Images；下：Nastasic/Getty Images

頁53：Agefotostock/Alamy Stock Photo

頁55：Book Worm/Alamy Stock Photo

頁59：Book Worm/Alamy Stock Photo

頁63：維基共享資源：https://commons.wikimedia.org/wiki/File:Reconstruction_of_Prototaxites_loganii.tif

頁69：Science History Images/Alamy Stock Photo

頁71：Science History Images/Alamy Stock Photo

頁75：John Sibbick/Science Photo Library

頁78–9：一隻馬陸，彩色蝕刻畫，約1790年，出自Wellcome Collection

頁83：上：Hein Nouwens/Shutterstock；下：Morphart Creation/Shutterstock

頁87：John Sibbick/Science Photo Library

頁93：Album/Alamy Stock Photo

頁97：Andrey Oleynik/Shutterstock

頁100：FineArt/Alamy Stock Photo

頁111：Nastasic/iStock by Getty Images

頁123：PhotoStock-Israel/Alamy Stock Photo

頁137：Science History Images/Alamy Stock Photo

頁140–1：Stocktrek/Mary Evans Picture Library

頁145：Ilbusca/Getty Images

頁151：Nastasic/Getty Images

頁155：Agefotostock/Alamy Stock Photo

頁159：左上：Evgeny Turaev/Shutterstock；右上：Yevheniia Lytvynovych/Shutterstock；下：Natalypaint/Shutterstock

頁163：Look and Learn/Bridgeman Images

頁173：上：IADA/Shutterstock；下：Channarong Pherngjanda/Shutterstock

頁180–1：Michael Rosskothen/Shutterstock

頁195：一隻站在漂浮物上的巴塔哥尼亞企鵝。Eastgate作的蝕刻畫，出自Wellcome Collection

頁199：Science History Images/Alamy Stock Photo

頁203：Look and Learn/Bridgeman Images

頁209：PhotoStock-Israel/Alamy Stock Photo

頁213：Biodiversity Heritage Library from *Hitherto Unpublished Plates of Tertiary Mammalia and Permian Vertebrata*, Edward Drinker Cope and William Diller Matthew, American Museum of Natural History, 1915.

頁217：Mary Evans Picture Library/Natural History Museum

頁221：Antiqua Print Gallery/Alamy Stock Photo

頁227：Zu_09/iStock by Getty Images

頁231：Ken Welsh/Bridgeman Images

頁233：Florilegius/Mary Evans Picture Library

頁237：The Book Worm/Alamy Stock Photo

頁241：Classic Image/Alamy Stock Photo

謝詞

謝謝你閱讀這本書，希望你喜歡。地球這個星球迸發了數百萬令人匪夷所思的現存生物與滅絕生物；從中選取少數幾種來書寫，是件非常困難的事。本書列舉的物種絕非不可更改的選擇，但我希望它涵蓋了過去四十六億年遍布世界各角落的一些明星選手。我喜歡讓自己沉浸在像蚯蚓與巨藻等非常不一樣的生物的科學中——每一種都應該有一本專書！

在此感謝為本書提供協助的專家同行。他們閱讀書中及其科學專業相關的部分，進行事實核查並提供意見回饋：葛溫·安特爾（Gwen Antell）、喬丹·貝斯特維克（Jordan Bestwick）、尼爾·布羅克赫斯特（Neil Brocklehurst）、馬克·卡納爾（Mark Carnall）、艾伯特·陳（Albert Chen）、理查·迪爾登（Richard Dearden）、佩琪·德波羅（Paige dePolo）、法蘭琪·鄧恩（Frankie Dunn）、里卡多·佩雷茲－德拉富恩特（Ricardo Perez-De-La Fuente）、大衛·弗法（Davide Foffa）、羅素·嘉伍德（Russell Garwood）、森迪·赫瑟林頓（Sandy Hetherington）、費姆克·霍爾維達（Femke Holwerda）、蘇珊娜·萊登（Susannah Lydon）、伊姆蘭·拉赫曼（Imran Rahman）、保羅·史密斯（Paul Smith）、克莉絲汀·史特盧魯－德里恩（Christine Strullu-Derrien）與貝姬·拉格·賽克斯（Becky Wragg Sykes）都伸出援手，我非常感激。未來若是有我能還人情的地方，還請不吝告知。我很抱歉的是，並不是所有被審查過的章節都進入定稿，但是你們每一個人的意見，對這個過程都是非常重要的。

感謝凱莉·恩佐爾（Kerry Enzor）邀請我寫作這本書，也謝謝朱莉婭·肖恩（Julia Shone）與威爾·韋伯（Will Webb）從這些文字與概念發想，創造出如此美麗的作品。我很高興新晉藝術家暨古生物學家葛蕾絲·瓦納姆（Grace Varnham）提供插圖，也很高興能用上近期與歷史藝術家的作品。也感謝所有參與本書製作、從校對到印刷的工作人員。

我也要感謝牛津大學自然史博物館的同事，特別是保羅·史密斯，謝謝他們對本書的支持與熱情。這本書甚至為館內的一個新展覽帶來靈感啟發——我很榮幸提供了啟動的種子。

如果沒有我的伴侶麥特的耐心支持，這本書便不可能付梓。他總是能看到我努力達成的每件事的價值，確保我有必要的空間、時間與熱騰騰的晚餐來推動我的工作。感謝你的每一杯茶、你的愛，以及成千上萬次的談話。最後，也要感謝妙爾妮爾，雖然牠對寫作過程毫無幫助，但每天至少提醒我三次，讓我暫停工作休息一下。或許只是為了給牠一些餅乾，但仍是很重要的一件事。

參考書目與延伸閱讀

Anderson, P.S. and Westneat, M.W., 2007, 'Feeding mechanics and bite force modelling of the skull of Dunkleosteus terrelli, an ancient apex predator', *Biology Letters*, 3(1), pp.77–80.

Anderson, F.E., Williams, B.W., Horn, K.M., Erséus, C., Halanych, K.M., Santos, S.R. and James, S.W., 2017, 'Phylogenomic analyses of Crassiclitellata support major Northern and Southern Hemisphere clades and a Pangaean origin for earthworms', *BMC Evolutionary Biology*, 17(1), pp.1–18.

Arratia, G., 2013, 'Morphology, taxonomy, and phylogeny of Triassic pholidophorid fishes (Actinopterygii, Teleostei)', *Journal of Vertebrate Paleontology*, 33 (sup1): 1–138.

Benton, M.J. and Harper, D.A., 2020, *Introduction to Paleobiology and the Fossil Record*, John Wiley & Sons.

Benton, M. J., 2021, *Dinosaurs: New Visions of a Lost World*, Thames and Hudson Ltd.

Betts, Holly C.; Puttick, Mark N.; Clark, James W.; Williams, Tom A.; Donoghue, Philip C.J.; Pisani, Davide, 2018, 'Integrated genomic and fossil evidence illuminates life's early evolution and eukaryote origin', *Nature Ecology & Evolution*, 2 (10): 1556–1562.

Bindeman, I.N., Zakharov, D.O., Palandri, J., Greber, N.D., Dauphas, N., Retallack, G.J., Hofmann, A., Lackey, J.S. and Bekker, A., 2018, 'Rapid emergence of subaerial landmasses and onset of a modern hydrologic cycle 2.5 billion years ago', *Nature*, 557(7706), pp.545–548.

Black, Riley, 2021, *Last Days of the Dinosaurs*. St. Martin's Publishing Group.

Briggs, D.E., Clarkson, E.N. and Aldridge, R.J., 1983, 'The conodont animal', *Lethaia*, 16(1), pp.1–14.

Brocks, J.J., Jarrett, A.J., Sirantoine, E., Hallmann, C., Hoshino, Y. and Liyanage, T., 2017, 'The rise of algae in Cryogenian oceans and the emergence of animals', *Nature*, 548(7669), pp.578–581.

Clack, J. A., 2009, 'The fin to limb transition: new data, interpretations, and hypotheses from paleontology and developmental biology', *Annual Review of Earth and Planetary Sciences*, 37: 163–179.

Danforth, B.N. and Poinar, G.O., 2011, 'Morphology, classification, and antiquity of Melittosphex burmensis (Apoidea: Melittosphecidae) and implications for early bee evolution', *Journal of Paleontology*, 85(5), pp.882– 891.

Donoghue, P.C. and Purnell, M.A., 2005, 'Genome duplication, extinction and vertebrate evolution', *Trends in Ecology & Evolution*, 20(6), pp.312–319.

Dunn, F.S., Liu, A.G., Grazhdankin, D.V., Vixseboxse, P., Flannery-Sutherland, J., Green, E., Harris, S., Wilby, P.R. and Donoghue, P.C., 2021, 'The developmental biology of Charnia and the eumetazoan affinity of the Ediacaran rangeomorphs', *Science Advances*, 7(30).

Field, D.J., Benito, J., Chen, A., Jagt, J.M.W., Ksepka, D.T., 2020, 'Late Cretaceous neornithine from Europe illuminates the origins of crown birds', *Nature* 579 397–401.

Ford, D.P. and Benson R.B.J., 2020, 'The phylogeny of early amniotes and the affinities of Parareptilia and Varanopidae', *Nature Ecology & Evolution* 4(1), 57–65

Fortey, Richard, 2000, *Trilobite: Eyewitness to Evolution*, Alfred a Knopf Inc.

Fraser, N.C. and Suess, H.D., 2017, *Terrestrial Conservation Lagerstätten: Windows into the Evolution of Life on Land*, Dunedin Academic Press.

Fritsche, Olaf, Foitzik, Susanne, 2021, *Empire of Ants: The Hidden Worlds and Extraordinary Lives of Earth's Tiny Conquerors*, Gaia.

Garwood, Russell J., 2012, 'Patterns In Palaeontology: The first 3 billion years of evolution', *Palaeontology Online*, 2(11): 1–14.

Gemmell, N.J., Rutherford, K., Prost, S., Tollis, M., Winter, D., Macey, J.R., Adelson, D.L., Suh, A., Bertozzi, T., Grau, J.H. and Organ, C., 2020, 'The tuatara genome reveals ancient features of amniote evolution', *Nature*, 584(7821), pp.403–409.

Gordon, Helen, 2020, *Notes from Deep Time: A Journey Through Our Past and Future Worlds*, Profile Books.

Graham, J.B., Aguilar, N.M., Dudley, R. and Gans, C., 1995, 'Implications of the late Palaeozoic oxygen pulse for physiology and evolution', *Nature*, 375(6527), pp.117–120.

Hallam, Tony, 2005, *Catastrophes and Lesser Calamities: The Causes of Mass Extinctions*, Oxford University Press.

Hetherington A.J., 2019, 'Evolution of plant rooting systems', in *eLS*, John Wiley & Sons, Ltd, Chichester.

Hu; et al., 2005, 'Large Mesozoic mammals fed on young dinosaurs', *Nature*, 433(7022): 149–152.

Hunt, T., Bergsten, J., Levkanicova, Z., Papadopoulou, A., John, O.S., Wild, R., Hammond, P.M., Ahrens, D., Balke, M., Caterino, M.S. and Gómez-Zurita, J., 2007, 'A comprehensive phylogeny of beetles reveals the evolutionary origins of a superradiation', *Science*, 318(5858), pp.1913–1916.

Hume, J.P., 201, 'The Dodo: from extinction to the fossil record', *Geology Today*, 28(4), pp.147–151.

Janis, K.M., Scott, KM, and Jacobs, LL., 1998, *Evolution of Tertiary Mammals of North America: Volume 1, terrestrial carnivores, ungulates, and ungulate like mammals*, Cambridge University Press.

Jeram, A.J., Selden, P.A. & Edwards, D., 1990, 'Land animals in the Silurian: arachnids and myriapods from Shropshire, England', *Science* 250: 658–666.

Kemp, T.S., 2005, *The Origin and Evolution of Mammals*, Oxford University Press.

Kluessendorf, J. and Doyle, P., 2000, 'Pohlsepia mazonensis, an early "octopus" from the Carboniferous of Illinois, USA', *Palaeontology*, 43(5), pp.919–926.

Larson, G., Piperno, D.R., Allaby, R.G., Purugganan, M.D., Andersson, L., Arroyo-Kalin, M., Barton, L., Vigueira, C.C., Denham, T., Dobney, K. and Doust, A.N., 2014, 'Current perspectives and the future of domestication studies', *Proceedings of the National Academy of Sciences*, 111(17), pp.6139–6146.

Lawrence, N., 2015, 'Assembling the dodo in early modern natural history', *The British Journal for the History of Science*, 48(3), pp.387–408.

Long, J.A., Mark-Kurik, E., Johanson, Z., Lee, M.S., Young, G.C., Min, Z., Ahlberg, P.E., Newman, M., Jones, R., den Blaauwen, J. and Choo, B., 2015, 'Copulation in antiarch placoderms and the origin of gnathostome internal fertilisation', *Nature*, *517*(7533), pp.196–199.

Luo, Z.X., 2007, 'Transformation and diversification in early mammal evolution', *Nature*, 450(7172), pp.1011–1019.

Maletz, J., 2017, *Graptolite Paleobiology*, John Wiley & Sons.

Marjanovic, D. and Laurin, M., 2013, 'The origin(s) of extant amphibians: a review with emphasis on the "lepospondyl hypothesis"', *Geodiversitas*, 35(1), pp.207–272.

Martinetto, Edoardo, Tschopp, Emanuel and Gastaldo, Robert A., 2020, *Nature through Time*, Springer Verlag.

Mayor, A., 2011, *The First Fossil Hunters*, Princeton University Press.

Miller, K.G., Kominz, M.A., Browning, J.V., Wright, J.D., Mountain, G.S., Katz, M.E., Sugarman, P.J., Cramer, B.S., Christie-Blick, N. and Pekar, S.F., 2005, 'The Phanerozoic record of global sea-level change', *Science*, 310(5752), pp.1293–1298.

Mitchell, R.L., Cuadros, J., Duckett, J.G., Pressel, S., Mavris, C., Sykes, D., Najorka, J., Edgecombe, G.D. and Kenrick, P., 2016, 'Mineral weathering and soil development in the earliest land plant ecosystems', *Geology*, 44(12), pp.1007–1010.

Motani, R., 2005, 'Evolution of fish-shaped reptiles (Reptilia: Ichthyopterygia) in their physical environments and constraints', *Annual Review of Earth and Planetary Sciences*, 33: pp. 395–420.

Neild, Ted, 2008, *Supercontinent: Ten Billion Years in the Life of our Planet*, Granta Books.

North West Highlands Geopark, www.nwhgeopark.com

Outram, A.K., Stear, N.A., Bendrey, R., Olsen, S., Kasparov, A., Zaibert, V., Thorpe, N. and Evershed, R.P., 2009, 'The earliest horse harnessing and milking', *Science*, 323(5919), pp.1332–1335.

Panciroli E., 2021, *Beasts Before Us: The Untold Story of the Origin and Evolution of Mammals*, Bloomsbury Sigma.

Piperno, D.R. and Sues, H.D., 2005. Dinosaurs dined on grass. *Science*, 310(5751), pp.1126-1128.

Prasad, V., Strömberg, C.A., Alimohammadian, H. and Sahni, A., 2005, 'Dinosaur coprolites and the early evolution of grasses and grazers', *Science*, 310(5751), pp.1177–1180.

Retallack, G.J. and Landing, E., 2014, 'Affinities and

architecture of Devonian trunks of *Prototaxites loganii*', *Mycologia*, 106(6), pp.1143–1158.

Shapiro, Beth, 201, *How to Clone a Mammoth: The Science of De-Extinction*, Princeton University Press.

Sheldrake, Merlin, 2020, *Entangled Life: How Fungi Make Our Worlds, Change Our Minds and Shape Our Futures*, Bodley Head.

Shikama, T., Kamei, T. and Murata, M., 'Early Triassic Ichthyosaurus, Utatsusaurus hataii Gen. et Sp. Nov., from the Kitakami Massif, Northeast Japan', *Science Reports of the Tohoku University Second Series* (Geology), 1977. 48(1–2): pp. 77–97.

Shu, D.G., Luo, H.L., Morris, S.C., Zhang, X.L., Hu, S.X., Chen, L., Han, J.I.A.N., Zhu, M., Li, Y. and Chen, L.Z., 1999, 'Lower Cambrian vertebrates from south China', *Nature*, 402(6757), pp.42–46.

Slack, K.E., Jones, C.M., Ando, T., Harrison, G.L., Fordyce, R.E., Arnason, U. and Penny, D., 2006, 'Early penguin fossils, plus mitochondrial genomes, calibrate avian evolution', *Molecular Biology and Evolution*, 23(6), pp.1144–1155.

Sohn, J.C., Labandeira, C.C. and Davis, D.R., 2015, 'The fossil record and taphonomy of butterflies and moths (Insecta, Lepidoptera): implications for evolutionary diversity and divergence-time estimates', *BMC Evolutionary Biology*, 15(1), pp.1–15.

Starko, S., Gomez, M.S., Darby, H., Demes, K.W., Kawai, H., Yotsukura, N., Lindstrom, S.C., Keeling, P.J., Graham, S.W. and Martone, P.T., 2019, 'A comprehensive kelp phylogeny sheds light on the evolution of an ecosystem', *Molecular Phylogenetics and Evolution*, 136, pp.138–150.

Stephens, L., Fuller, D., Boivin, N., Rick, T., Gauthier, N., Kay, A., Marwick, B., Armstrong, C.G., Barton, C.M., Denham, T. and Douglass, K., 2019, 'Archaeological assessment reveals Earth's early transformation through land use', *Science*, 365(6456), pp.897–902.

Stewart, Amy, 2004, *The Earth Moved: On the Remarkable Achievements of Earthworms*, Algonquin Books.

Stork, N.E., McBroom, J., Gely, C. and Hamilton, A.J., 2015, 'New approaches narrow global species estimates for beetles, insects, and terrestrial arthropods', *Proceedings of the National Academy of Sciences*, 112(24), pp.7519–7523.

Strömberg, C.A., 2011, 'Evolution of grasses and grassland ecosystems', *Annual Review of Earth and Planetary Sciences*, 39, pp.517-544.

Sues, Hans-Dieter, 2019, *The Rise of Reptiles: 320 Million Years of Evolution*, Johns Hopkins University Press.

Sun, G., Ji, Q., Dilcher, D.L., Zheng, S., Nixon, K.C. and Wang, X., 2002, 'Archaefructaceae, a new basal angiosperm family', *Science*, 296(5569), pp.899–904.

Taylor, T. N., Hass, H., Remy, W. and Kerp, H., 1995, 'The oldest fossil lichen', *Nature*, 378: 244.

Taylor, P.D., 2016, 'Fossil folklore: ammonites', *Deposits Magazine*, 46, pp.20–23.

Tetlie, O.E., 2007, 'Distribution and dispersal history of Eurypterida (Chelicerata)', *Palaeogeography, Palaeoclimatology, Palaeoecology*, 252(3–4), pp.557–574.

Vickers-Rich, P. and Komarower, P. eds., 2007, *The Rise and Fall of the Ediacaran Biota*, Geological Society of London.

Wahlberg, N., Wheat, C.W. and Peña, C., 2013, 'Timing and patterns in the taxonomic diversification of Lepidoptera (butterflies and moths)', *PLOS one*, 8(11).

Willis, K. and McElwain, J., 2014, *The Evolution of Plants*, Oxford University Press.

Wilson, H. M. & Anderson, L. I., 2004, 'Morphology and Taxonomy of Paleozoic millipedes (Diplopoda: Chilognatha: Archipolypoda) from Scotland', *Journal of Paleontology* 78: 169–184.

Witton, Mark, 2013, *Pterosaurs: Natural History, Evolution, Anatomy*, Princeton University Press.

Whalley, P.E.S., 1985, 'The systematics and palaeogeography of the Lower Jurassic insects of Dorset', *Bulletin of the British Museum* (Natural History), Geology, 39: 107–189.

索引

按中文筆畫排序；斜體頁碼指插圖說明。

from 149

直立猿與牠的奇葩家人：47種影響地球生命史的關鍵生物

作者：艾爾莎・潘齊洛里 (Elsa Panciroli)
譯者：林潔盈
審訂者：陳賜隆
責任編輯：潘乃慧
校對：聞若婷
美術編輯：許慈力
出版者：大塊文化出版股份有限公司
105022台北市松山區南京東路四段25號11樓
www.locuspublishing.com
讀者服務專線：0800-006689
TEL：(02)87123898 FAX：(02)87123897
郵撥帳號：18955675　戶名：大塊文化出版股份有限公司
法律顧問：董安丹律師、顧慕堯律師

總經銷：大和書報圖書股份有限公司
地址：新北市新莊區五工五路2號
TEL：(02) 89902588　FAX：(02) 22901658
初版一刷：2023年8月
定價：新台幣780元
Printed in Taiwan

LOCUS

LOCUS

LOCUS

LOCUS